들 고 다 니 는

솔 뫼 선 생 과 함께

산 속에서 만나는 몸에좋은 식물 148

Green Home

1

전체를 이용하는 산 속 식물

2

줄기를 이용하는 산 속 식물

7

몸에 좋은 산 속 버섯

산 속에서 얻은 지혜

저자 솔뫼 선생이 25년간 산 속 생활을 하면서
체득한 살아있는 정보를 정리하였다.

★ 이 책을 볼 때 알아두세요

1. 개화기, 결실기, 채취기 _ 직접 현장에서 체득한 정보입니다.
2. 기호 설명

    독 독성이 있는 식물

    약 약으로 쓰이는 식물

    식 먹을 수 있는 식물

    유 모양이 비슷하여 혼동하기 쉬운 식물

    (단, 생태에서 설명한 유사종은 식물학적인 유사종)

산 속에서 얻은 지혜

산으로 둘러싸인 우리나라는 조상 대대로 산에서 나물과 약재를 얻어 쓰며 생활해왔다. 현대에 들어오면서 산에 나는 유익한 식물의 지식과 정보가 대부분 잊혀졌지만, 각종 나물과 약재에 우리 몸에 유용한 성분이 함유된 사실이 과학적으로 밝혀지면서 시대를 초월한 조상들의 지혜를 새삼 깨닫게 된다.

우리나라에는 7천여 종의 식물이 자생하고 있다. 취나물만 해도 60여 종이나 되며, 식물도감에 '취'라고 소개된 것만 해도 1백여 종이다. 산에는 우리가 먹을 수 있고 약으로 쓸 수 있는 식물들이 지천으로 널려 있는데, 식물 한 종에도 유사종이 몇 가지씩 되고, 그 중에는 독이 들어 있는 것들도 있기 때문에 진짜배기를 구별해 내기가 힘들다. 좋은 나물, 좋은 약재가 바로 앞에 있어도 알아볼 눈이 없는 것이다.

25년간 산 속 생활을 하면서 식물을 연구해 온 필자는 식물에 대해 잘 알려면 경험이 얼마나 중요한지를 늘 느낀다. 많은 사람들이 각종 나물과 꽃, 나무와 버섯에 대해 물어오지만 식물도감에 나오는 설명만으로는 뭔가 부족하고 실생활에 유용하게 사용하기 힘들기 때문이다.

다음에 소개하는 내용들은 필자가 산 속에서 생활하면서 체득한 정보를 정리한 것으로서 산 속 생태를 이해하는 데 도움이 되리라 확신한다.

01 | 식용 및 약용으로 사용할 수 있는 식물은 대개 줄기에 붉은색 무늬가 있거나 잎자루가 붉다.

02 | 봄과 여름에 자주색 꽃이 피는 식물은 모두 약으로 쓸 수 있다. 단, 같은 자주색이라도 가을에 꽃이 피는 미나리아재비과 식물(부자)은 모두 독초이므로 먹으면 안 된다.

미나리아재비과 식물은 드물게 한방에서 약으로 사용하지만 전문가가 아니면 함부로 약으로 써서는 안 된다.

03 | 독초는 초봄에 다른 식물보다 아주 빨리 성장하고 꽃도 빨리 피며 열매도 빨리 맺는다. 고산지대에 서식하는 종류를 제외하고는 여름이 오기 전에 소멸하여 다음해에 다시 자라난다. 예를 들면, '앉은부채', '현호색', '괴불주머니', '박새' 같은 종류가 그렇다.

독초는 잎이나 줄기를 혀 끝에 살짝 대었을 때 톡톡 쏘는 맛이 나거나, 피부에 묻었을 때 가렵고 따갑거나 반점이 생긴다. 이런 독초는 매우 치명적이어서 먹으면 사망할 수도 있으므로 주의한다.

04 | 약용식물의 경우, 뿌리를 사용하면 약효가 빨리 나타나며 오장을 튼튼하게 한다. 특히 덩굴성 뿌리 종류는 일반적인 뿌리 종류보다 약효가 넓게 나타나는 반면, 장복하면 약효가 서서히 나타난다.

05 | 유근피, 오가피, 상백피 등 '피'자가 붙거나, 나무 또는 줄기껍질을 약으로 사용하는 식물은 거풍, 류마티스, 근육통에 주로 쓰인다.

06 | 나무나 식물의 줄기에서 하얀 색 유액이 나오는 것은 비장에 들어가 풍을 없애고 정력을 강화시킨다.

07 | 잎보다 꽃이 먼저 '피'는 식물, 열매를 먹을 수 있는 식물은 간장병·해열·두통·감기·천식·기관지염에 주로 쓰인다.

08 | 나뭇가지를 잘랐을 때 냄새가 나는 종류가 있는데, 이 냄새는 외부로부터 벌레가 침범하는 것을 막기 위해 식물 스스로 방어하는 수단이다.

식물 뿌리가 노란색에 가까운 것들은 독성이 강하여 먹지 않는다. 이들 두 가지는 주로 각종 피부병이나 외상 치료제, 기생충을 없애는 농약 원료로 쓰인다.

09 | 산이나 들에 자생하는 나무 중 몸에 가시가 붙은 종류는 가지를 자주 자르면 몸체에 가시가 많이 돋고, 스트레스를 받아 성장이 느려지며, 약효도 떨어진다. 반면, 스트레스를 받지 않은 나무는 성장 속도가 빠르고, 가시도 적게 돋으며 약효도 좋다.

10 | 쓴맛이 나는 약재는 심장에 주로 쓰이는데, 너무 복용하면 정력이 약해지므로 전문가나 한의사의 자문을 구해야 한다.

11 | 신맛이 나는 약재는 간에 쓰이고, 쓴맛이 나는 약재는 심장에, 단맛이 나는 약재는 비장에, 매운맛이 나는 약재는 폐에, 짠맛이 나는 약재는 신장에 쓰인다.

12 | 지상에 있는 식물은 남성에게 좋은 약재이며, 여성에게는 주로 땅 밑에 있는 약재가 좋다. 지상에 자라는 식물은 음양에 고루 쓰이는 약재이다.

13 | 식물을 약재로 쓸 때는 말려서 사용하는데, 햇빛에 말리는 것과 그늘에 말리는 것이 있다. 독성이 있는 식물은 햇빛에 말리는데 그래야 안에 있는 독 성분을 완화시킬 수 있다. 독성이 없는 식물은 서늘한 그늘에 말려야 안에 있는 약 성분이 햇빛에 증발하지 않으며 약효가 더 강화된다.

14 | 같은 과의 식물은 약효가 거의 비슷하다. 참고로 마늘처럼 뿌리가 둥근 것은 모두 백합 종류이다.

15 | 더덕이나 칡 같은 뿌리 종류 중에 간혹 뿌리 속살 안에 물이 차는 경우가 있는데, 그 주변은 마치 벌레가 갉아먹은 것처럼 단단해져 있다. 그 물은 버리지 않고 약으로 처방한다.

:: 식용식물의 특징

16 | 산에서 나는 먹을 수 있는 식물의 잎·열매·뿌리는 대부분 장아찌를 담글 수 있으며, 독특한 향이 난다.

잎으로 장아찌를 담글 때는 채취하여 물에 씻지 말고 그대로 소금물(소금 1 : 물 3)에 2~3일 절였다가 잎 속의 물기를 뺀 뒤, 양념장(간장 1 : 설탕 1 : 식초 1)을 붓고 6개월간 그늘에 두었다가 먹는다.

뿌리로 장아찌를 담글 때는 위의 소금물에 2~3일 절인 후 햇빛에 말려 꾸덕꾸덕해지면 양념장에 담근다. 양념장은 가끔씩 달여서 다시 부어야 맛이 변하지 않는다.

식물의 잎과 줄기로 효소액도 만드는데 잎과 줄기를 황설탕에 절여 2주간 그늘에 두었다가 액을 받아 물에 타서 마신다.

17 | 식물은 봄철 꽃이 피기 전에 어린순과 잎을 나물로 먹을 수 있다. 나물은 여러 종류를 섞어서 먹으면 더욱 맛있다.

18 | 봄에 나물을 많이 채취하여 삶아서 말려두고 수시로 먹는데, 이것을 묵은 나물이라 하여 '묵나물'이라고 부른다.

19 | 땅 위에 곧게 서는 식물 중 몸에 털이 많은 종류가 있는데, 이것은 개미나 벌레가 잎사귀를 갉아먹지 못하게 하기 위해서다. 특히, 나물 종류는 털 있는 것을 날로 먹으면 목에 솜털이 걸리므로 반드시 데쳐서 숨을 죽인 후 갖은 양념으로 무쳐 먹는다.

20 | 봄꽃은 가을에 잎과 줄기가 말라죽은 다음 미리 땅 속에 새순을 틔워놓아 만반의 준비를 하고 있다가 봄철에 해동하자마자 곧바로 땅 위로 순이 올라와 꽃을 피운다.

21 | 봄꽃은 줄기가 연하고 바람의 저항을 적게 받기 위해 키가 작고, 햇빛을 많이 받기 위해 주로 양지바른 곳에 자란다. 반면, 여름꽃과 가을꽃들은 키가 큰 편인데, 이것은 일조량과 수분 섭취량이 많기 때문이다.

22 | 모든 꽃들을 자세히 살펴보면 꽃봉오리 안쪽에 점이나 진한 무늬가 있다. 벌과 나비는 향기에 이끌려 꽃을 찾아들지만, 향기가 나지 않는 꽃의 경우 꽃잎의 점이나 진한 무늬가 이정표 역할을 한다.

23 | 작약처럼 밤에 오므라들고 향기가 짙은 봄꽃은 한번 피면 10일을 넘기지 못하는데 비해 연꽃, 용담, 독말풀 같이 여름부터 가을까지 밤에 오므라들었다가 낮에 다시 피기를 반복하고 향기가 진하지 않은 꽃들은 20~60일 정도 오래 간다.

24 | 키가 큰 야생화를 작게 키우고 싶을 때는 새순이 올라올 때 윗부분을 따주면 가지가 옆으로 퍼지면서 키가 크지 않으며 꽃도 많이 핀다. 취향에 따라 새순을 1~2번 따거나 여러 번 따주면 된다.

25 │ 모든 나무의 수액은 비 오는 날에 나오는 것이 아니라 오히려 맑은 날에 잘 나온다. 비가 오는 날에는 잎과 줄기에서 충분히 수분을 섭취할 수 있기 때문에 나무에서 물기를 빨아들이지 않으며, 맑은 날에는 마치 펌프처럼 뿌리에서 물을 빨아올리기 때문이다.

26 │ 줄기껍질을 약재로 사용할 때는 나무에 물이 오를 때 껍질을 벗겨야 한다. 겨울에는 줄기껍질에 물기가 없어 잘 벗겨지지 않는다.

27 │ 나뭇가지는 주로 햇빛이 잘 드는 동쪽을 향하여 많이 뻗어 나가며, 산 위쪽 방향으로는 나뭇가지가 적게 붙는다. 산 위로 올라갈수록 토질이 척박하여 나무가 잗다.

나무는 같은 종끼리도 경쟁을 하는데, 강한 나무는 가지를 많이 뻗고 굵은 반면, 약한 나무는 가지가 적게 뻗고 햇빛을 받기 위해서 위쪽으로만 길게 자란다. 또한, 나무가 밀생한 곳에서는 햇빛을 받지 못하는 키 작은 나무들이 생존경쟁에서 도태되어 점차 소멸한다.

28 │ 나무는 같은 종끼리 군락을 지어 자라면서 외부 세력을 배척하고 자기 영역을 점차 키워 나간다. 특히, 낙엽은 같은 종한테는 거름이 되지만, 다른 종한테는 거름이 되지 않으며, 다른 종의 씨앗이 떨어져도 잘 발아되지 않는다. 거름은 여러 종류를 섞어 발효시켜야 거름이 되며 한 가지만으로는 불충분하다.

예를 들어, 소나무 아래에 솔잎이 두툼하게 깔리고 그 곳에 다른 씨앗이 떨어지면 썩어버리지만, 같은 종의 씨앗은 양분을 충분히 섭취하여 싹이 잘 튼다. 또한, 참나무와 같은 낙엽송의 경우에는 다른 종의 씨앗들이 날아오더라도 가을에 낙엽이 뒹굴면서 그 씨앗을 크게 파손시킨다.

29 | 나무는 껍질이 벗겨져 상처가 나도 시간이 지나면 다시 껍질이 생겨서 자가치료가 된다. 처음에는 흉터가 남지만 세월이 지나면서 흐릿해진다.

또한, 나무도 인간처럼 암에 걸리는데 굵은 나무나 고목 속에 물이 차면서 가스가 발생하여 그 주변의 목질이 암덩어리처럼 딱딱해지는데 이것은 다른 부위로 퍼져 나가는 것을 막기 위해서이다. 이런 나무들은 나뭇가지가 많이 말라죽고 살아 있어도 1~2가지에만 잎이 나며 죽지 못해 살아가는 나무이다.

30 | 모든 꽃과 열매는 햇가지에 맺히며, 과실수 묘목을 심으면 3년 후에 과실이 열린다.

31 | 개나리, 장미, 노박덩굴, 수양버들 등 덩굴성 식물은 봄에 줄기를 잘라 땅에 묻으면 다른 나무보다 뿌리가 잘 내려 번식이 쉽다.

32 | 식물이나 나무에 곁잎이 있고 줄기와 곁잎 사이에 촉눈이 나는 것들은 모두 꺾꽂이를 하여 번식할 수 있다.

꺾꽂이를 할 때는 줄기를 15cm 정도 잘라서 땅에 꽂는다. 백작약이나 둥글레는 씨앗으로도 번식하지만 뿌리에 여러 개의 촉눈이 나오므로 뿌리덩어리를 여러 개로 쪼개어 심으면 포기를 늘릴 수 있다. 이 때 뿌리덩이가 큰 것은 새순이 빨리 올라오며 꽃봉오리도 함께 올라와 그 해에 꽃을 피운다. 반면 뿌리덩이가 작은 것은 새순만 조금 늦게 올라오며, 꽃은 다음해부터 핀다.

33 | 나무에도 암수가 있는데, 수나무는 열매를 잘 맺지 않으며 맺더라도 1~2개 조금 달리는 반면, 암나무는 열매를 많이 맺는다.

34 | 똑같은 종의 나무라도 음지의 나무는 껍질이 얇고 일조량을 늘리기 위해 빨리 자라며 목질이 연한 편이다. 반면, 양지에 있는 나무는 수분 증발을 방지하고 벌레나 기생충의 침범을 막기 위해 껍질이 두툼해지고 성장 속도가 느리며 목질이 딱딱하다.

35 | 줄기껍질이 얇고 매끄러운 종류는 기생충이 목질에 알을 산란하기가 곤란하여 주로 잎이 난 후 연한 부위에 다양한 방법으로 산란하거나 벌레집을 만든다. 그 중에는 푸른 잎에 알을 1개 낳은 후 김밥을 말 듯이 아주 정교하게 잎을 돌돌 만 후 잎자루를

끊어내어 땅 위로 떨어뜨리는 벌레들도 있다.

가을에 키 작은 나무 끝가지에 겉은 푸르고 속은 희끄무레하며 껍질은 딱딱한 가죽 같은 집을 짓고 죽는 번데기도 있다. 잎에 혹이나 두툼한 반점이 있는 것도 모두 벌레집이다.

36 │ 나무가 어릴 때는 성장이 빨라 나이테가 굵고 선이 넓지만, 나이가 들수록 성장이 느려져 나이테가 좁아지고 선이 가늘어지며 껍질이 두꺼워진다. 오래 묵은 나무일수록 몸통과 줄기에는 옹이가 많이 생기고, 벌레가 많이 생긴다.

37 │ 나무는 봄·가을에 옮겨 심는 것이 좋다. 봄에는 잎이 피기 전 나무가 수분을 빨아올리지 않을 때 옮겨 심고, 가을에는 나뭇잎이 떨어져 수분을 빨아올리지 않을 때 옮겨 심는다. 또한, 나무의 새순과 잎이 연초록색으로 부드러울 때는 아직 덜 자란 상태이므로 새순과 잎이 진초록을 띠고 딱딱하게 굳어 있을 때 옮겨 심는다.

나무를 옮겨 심을 때는 뿌리 주변의 흙을 털어내지 말고 둥글게 캐내어 흙째로 밧줄로 잘 감아 옮겨 심는다. 이 때 밧줄을 풀지 않으면 뿌리가 잘 뻗지 못하고 영양분을 섭취하지 못하여 기생충이 많이 붙는다. 심하면 나무껍질에 하얀 눈송이가 달라붙듯이 진딧물 집이 많이 번진다. 이런 나무는 결국 살지 못하고 죽는다. 또한, 굵은 나무보다는 잔뿌리가 많이 달린 나무가 건강하게 잘 자라고 잘 늙지도 않는다.

옮겨 심을 때 굵은 뿌리가 잘린 곳에는 다음해에 잔뿌리가 많이 돋아난다. 옮겨 심은 후에는 물을 듬뿍 주어 흙도 가라앉히고 공기가 들어가지 않게 해야 뿌리가 썩지 않는다.

어린 나무를 한꺼번에 많이 옮겨 심을 때는 임시로 나무를 묻어두었다가 며칠 내에 다시 제대로 심는다. 이것이 가식(假植)인데, 여러 그루의 나무를 한꺼번에 45° 각도로 비스듬히 땅에 묻는다.

38 │ 단풍나무, 감태나무(경상도 말로 도리깻열나무) 등 겨울에 나뭇잎이 잘 떨어지지 않는 나무는 되도록 봄에 옮겨 심지 않는 것이 좋다. 부득이 옮겨 심어야 할 경우에는 잎이 올라오기 전에 심으며, 시기를 놓쳤을 때는 잎을 모두 훑어내고 심어야 잘 죽지 않

는다. 가을에 잎이 말라 있을 때는 그냥 옮겨 심어도 괜찮다.

39 | 나무는 잎에서 영양분을 공급받는데, 가을에는 잎이 지므로 미리 뿌리에 영양분을 축적하였다가 겨울을 난다. 가을에 잎이 지는 이유는 건조한 겨울에 수분 증발을 막기 위해 줄기와 잎자루 사이에 떨켜가 생겨나 잎이 떨어진다. 잎지는나무는 주로 온대지역에 자생하며, 늘푸른나무는 열대나 한대지역에 자생하는 종류이다.

우리나라의 경우, 겨울에 잎이 지지 않는 종류로는 침엽수가 많은데, 잎이 두툼하고 수분을 빼앗기지 않아 무사히 겨울을 날 수 있고, 봄에 새잎이 날 때 묵은 잎이 떨어진다. 간혹 상수리나무, 밤나무, 떡갈나무 등은 겨울까지 잎이 달려 있는데, 이들은 원래 더운 지역에서 올라온 나무로 떨켜가 없기 때문에 겨울 바람이 세게 불어야 떨어져 나간다.

40 | 먹을 수 있는 과실이 열리는 나무는 대체로 꽃이 작게 피는데 그 중에서 밤이나 도토리처럼 단단한 껍질 속에 씨앗이 들어 있는 각과(견과)류들은 꽃이 이삭처럼 길쭉하게 달린다. 앵두나 복숭아처럼 과실 속에 딱딱한 씨가 1개 들어 있는 것을 '핵과', 배나 사과처럼 씨방이 응어리져 있는 것을 '이과'라 한다.

41 | 밤·배·감은 나무에 접을 붙여서 번식시켜야 열매가 굵다. 그렇지 않고 땅에 떨어진 열매에서 자연발아하여 나무가 자라는 경우에는 열매가 잘다.

예를 들어, 사람이 키우는 재배종의 밤은 알이 굵고, 야생하는 재래종 돌밤은 알이 작은데, 재배종 밤이 땅에 떨어져 발아하여 나무가 자라면 돌밤이 달린다. 배도 같은 경우에는 딱딱하고 작은 돌배가 되고, 감은 떫고 작은 떫감이 된다.

42 | 나무는 봄, 여름에 수분 함량이 높아지기 때문에 무게가 많이 나가며 가을, 겨울에는 몸체에 수분이 적어 가벼워진다.

43 | 나무줄기를 크게 자른 것이 '둥글이'고, 나무를 쪼갠 것이 '장작', 땅 속에 나무 썩은 것이 '까둥글'이다. 장작을 팰 때는 나무테가 넓은 쪽을 쪼개면 결이 연하여 잘 쪼개진다. 나무를 썩지 않게 오래 보관하려면 겉껍질을 벗겨내야 한다. 그러면 나무진이 겉으로 스며 나와 방부 효과가 높아진다.

44 | 산에 숲이 우거지면 그 밑에 있는 식물, 예를 들면 취나물, 더덕, 지취 등 여러 종류가 산소동화작용을 하지 못하여 소멸한다.

45 | 모든 나무나 식물, 야생화를 옮겨 심는 경우에는 뿌리가 끊기고 상처가 생긴 상태라서 바로 거름이나 화학 비료를 주면 죽게 되므로 그 이듬해부터 조금씩 거름을 주는 것이 좋다.

땅을 팠을 때 지렁이가 많이 나오는 곳은 오염되지 않고 토질이 좋으며 숨을 쉬는 땅이므로 아무 것이나 심어도 잘 자란다. 자연 거름을 많이 쓰면 땅이 알칼리성이 되고 화학 비료를 많이 쓰면 토질이 산성화된다.

46 | 잡풀도 계절에 따라 나는 순서가 있다. 봄에 땅을 갈아엎으면 바랭이가 가장 먼저 올라오고, 여름에 땅을 갈아엎으면 쇠비름과 명아주풀이 올라오며, 가을에는 별꽃아재비와 명아주풀 등 일조량 때문에 잎이 넓은 종류가 올라온다. 늦가을에 서리가 내리면 잡풀도 모두 소멸한다.

47 | 늦가을 서리가 내릴 무렵에 논밭을 갈아 엎으면 토질이 부드러워지고 땅 속에 들어 있던 해충이 줄어들며 봄에 잡초가 덜 올라온다.

48 | 모든 나무나 식물의 몸체에는 스펀지처럼 생긴 기공선이 들어 있다. 낮에 해가 비추면 산소동화작용과 잎의 증산작용이 활발해져서 내부 압력이 높아지고 스펀지가 팽창하면서 수분을 많이 빨아들인다. 밤에는 증산작용이 약해지면서 내부 압력도 떨어져 수분을 빨아올리지 못한다. 단, 키가 크고 딱딱한 나무는 기공선이 없고 몸체에서 직접 수분을 흡수하며, 키가 작거나 덩굴을 뻗는 나무는 기공선을 지닌다.

줄기껍질이나 식물 줄기가 단단한 이유는 스펀지에 저장된 수분을 햇빛에 빼앗기지 않기 위해서이고, 척박한 땅에서 자라거나 가뭄이 들어도 말라죽지 않는 보호막 역할을 한다. 특히, 기공선이 큰 것은 수분을 많이 흡수하는 식물이다.

대나무처럼 마디가 있는 식물은 낮에는 여러 명이 줄다리기를 하는 것처럼 수분을 빨아들이는 압력이 매우 강하고, 밤에는 마디가 차단밸브 역할을 하여 수분이 빠져나가는 것을 막는다. 수생식물은 껍질이 얇고 기공선이 넓어 수분을 빨리 흡수하므로 오염된 하천이나 연못물을 뿌리에서 빨아들여 아주 빠른 속도로 정화시킨다.

49 | 수생식물 중에는 뿌리를 땅에 내리지 않고, 연못이나 논처럼 고여 있는 물 위에 떠 있는 개구리밥 같은 종류가 많다. 개구리밥은 주변에 개구리가 잘 논다고 해서 붙여진 이름이다. 이런 종류는 바람이 불면 물살을 따라 떠다니면서 살아간다.

50 | 이끼류는 바위 표면이나 땅 위에서 자라는데 녹색 이외에도 붉은색, 푸른색, 노란색 등 여러 가지 색깔을 띠며 잔디밭처럼 길게 가지를 뻗으며 자라는 종류도 있다. 이끼류는 뜨거운 햇볕과 가뭄도 잘 견디며 물기가 있을 때는 아주 빠른 속도로 수분을 빨아들여 자기 몸에 저장한다.

51 | 모든 덩굴성 식물은 옆으로 뻗으며 이웃 나무에 감아 올라가는 것을 좋아한다. 그 중에서 담쟁이덩굴 같은 종류는 덩굴손에 빨판 같은 것이 달려 있어 담벼락에도 잘 붙어 뻗는다.

덩굴식물이 언덕받이나 경사면에 자랄 경우 식물은 흙이 유실되는 것을 막아주기도 하지만, 다른 나무에 감아올라갈 때는 그 나무에 잎이 피는 것을 방해하는 등 악영향을 끼치기도 한다.

52 | 식물 중에는 벌레를 잡아먹는 식충식물이 있는데 습지에서 자라는 끈끈이주걱 같은 것은 잎 표면에 끈적끈적한 액을 분비하는 털이 있어 작은 벌레가 달라붙으면 서서히 잎을 오므려 벌레의 체액을 빨아먹는다. 종류는 초록색과 붉은색이 나는 것 2가지가 있으며 7월에 작은 꽃이 하얗게 핀다.

53 | 모든 과실이나 열매나 씨앗은 촉눈(머리쪽)부터 먼저 나온 다음 뿌리를 땅에 내리며, 열매가 익을 때도 머리쪽부터 갈라진다. 이것은 우주 만물의 모든 동식물에게도 적용되는 원리다.

54 | 가을에 씨앗이 땅 위에 떨어지면 일부는 낙엽 속에 묻히고, 일부는 새나 동물의 먹이가 되며 나머지는 겨울에 땅이 얼어 스펀지처럼 붕 뜨면서 그 틈새로 씨앗이 들어가 자리를 잡은 뒤 봄에 싹이 튼다. 농부가 밭을 갈아엎는 것처럼 자연도 스스로 땅을 갈아엎는 작용을 한다.

55 | 가볍고 바람에 잘 날리는 씨앗은 주로 봄에 파종하고, 둥글고 무거우며 껍질이 딱딱한 씨앗은 가을에 파종해야 싹이 잘 나온다. 씨앗이 봄에 잘 트는 이유는 한번 얼었다 녹으면 껍질이 잘 터지기 때문인데, 일반 가정에서도 씨앗을 냉장실에 며칠 넣어 두었다가 파종하면 발아율이 높아진다.

56 | 식물 중에는 혼자 힘으로 씨앗을 퍼트리는 종류가 있다. 콩과 식물은 열매가 여문 뒤 팽팽하게 건조되는데 이 때 "딱!" 소리와 함께 꼬투리가 두쪽으로 갈라지면서 작은 씨앗들이 사방으로 흩어져 번식한다.

57 | 씨앗이 무겁고 둥근 것은 제자리에 떨어져 번식한다.

58 | 씨앗이 납작하고 날개가 달린 것은 계곡가에 있더라도 아주 멀리 가지 못하며 그 주변으로 번식하여 군락을 이룬다.

59 | 가볍고 솜털이 붙은 씨앗은 평지에서 멀리로 날아가 번식한다. 예를 들어, 민들레는 씨앗에 작은 실 같은 것들이 붙어 있기 때문에 아주 미세한 바람만 불어도 하늘로 날아올라 수 km 밖까지 날아간다.

60 | 일반적으로 나무나 식물은 꽃이 핀 후에 열매가 맺히는데, 이와는 달리 상사화, 석산(꽃무릇)처럼 꽃이 피어도 열매(씨앗)가

맺히지 않는 종류도 있다. 상사화는 잎이 진 후 꽃이 피므로 잎과 꽃을 동시에 볼 수 없고, 석산은 꽃이 핀 후 잎이 올라오는데 꽃이 피어 수정된 후에는 알뿌리 개체수가 많이 늘어나 번식한다.

이들을 관상용으로 심을 때는 알뿌리를 나누어 심는다. 또한, 대나무나 조릿대 같은 것은 일생에 한번만 좁쌀만 한 노란 꽃을 피우며, 꽃 핀 후에는 군락이 완전히 소멸한다. 이들도 뿌리로 번식한다.

61 │ 가을에 씨앗이 여물 무렵, 골짜기나 묵은 밭에 나는 식물 중에는 진득찰처럼 씨앗에 끈끈한 점액이 나오거나, 도깨비바늘처럼 씨앗에 갈고리가 달린 것들이 많다. 이런 종류의 씨앗은 동물 털에 잘 들러붙어 멀리까지 이동한다.

62 │ 도토리, 상수리, 머루, 다래, 지구자(헛개나무 열매) 등 산중 과실은 해걸이를 한다. '해걸이'란 한 해에 과실이 풍성하게 달리면 다음해에는 적게 맺히는 것이다.

63 | 겨울에 날씨가 춥고 눈이 많이 오는 해 그 이듬해에는 농사가 잘 되고 날씨가 춥지 않고, 눈이 적게 오는 해에는 흉년이 들고 벌레가 많이 생긴다. 겨울에 날씨가 춥지 않고 비가 많이 오는 해에는 모기, 파리 등이 많이 생긴다.

64 | 비가 오기 직전 산 속의 옹달샘이나 우물물을 마셔 보면 비릿한 냄새가 나는데 비가 일단 내린 후에는 냄새가 사라진다. 비가 오기 전날에는 대개 바람도 조용하고 새들도 울지 않으며 잎사귀 흔들리는 소리조차 들리지 않아 숲 속이 고요해진다.

비가 오는 날에는 생선회를 먹지 않듯이 탕재도 비가 올 때 달이면 비릿한 냄새가 나므로 맑은 날에 달여서 마시는 것이 좋다.

65 | 여름에 땅에서 솟아나는 물은 차갑고 고여 있는 물은 미지근하며, 겨울에 땅에서 솟아나는 물은 따뜻하고 흐르는 물이나 고인 물은 아주 차갑다.

66 | 겨울철 달이 뜨고 별이 많이 반짝이는 날에는 개울가에 얼음이 두껍게 얼고, 날씨가 흐리고 겨울비가 내리는 날에는 얼음이 얼지 않으며 얼어 있다 하더라도 잘 녹는다. 얼음은 낮은 곳에서 깊은 곳으로 얼어들어간다.

67 | 겨울에는 연못이나 개울물이 깨끗한데, 이것은 이끼가 생장을 멈추고 이물질이 가라앉기 때문이다. 겨울에는 대기도 맑아져서 먼 산이 선명하게 보이며 더 가깝게 느껴진다.

반대로 봄과 여름에는 수온이 높아져 수생식물들이 활발히 성장하기 때문에 부유물이 많이 생겨 뿌옇게 보이며 대기에도 먼지가 많아져 산이 멀고 뿌옇게 보인다.

68 | 달이 뜬 날에는 물고기가 잡히지 않으며, 흐리고 비 오는 날에는 유충들이 많이 떠다녀 고기들이 먹이를 먹으러 많이 나온다.

69 | 산에 부는 봄바람, 여름에 부는 태풍, 겨울에 오는 눈은 나무의 묵은 가지를 부러뜨려 자연 스스로 가지치기를 하여 가을에 풍성한 열매가 열리게 해준다.

겨울 고산지대에는 매일 일정한 시간에 태풍에 버금 갈 엄청난 강풍이 부는데, 이런 바람은 공기를 정화시키고 찬 공기와 따뜻한 공기를 뒤섞어주며, 묵은 가지를 부러뜨려 기생충을 없앤다. 보통 밤 10~12시까지 강한 바람이 불다가 갑자기 소강상태에 들어갔다가 새벽 2~4시까지 다시 거센 바람이 몰아치는데, 이 때 사람도 날아갈 수 있으므로 주의한다.

70 | 건조한 봄에는 산에 불이 많이 나는데 사람의 실수로 난 불이 90% 이상이고 나머지는 자연 상태에서 저절로 발화하는 경우이다. 건조기에 나무끼리 부딪쳐 불이 나거나, 봄에 얼었던 바위가 녹아 아래쪽 바위 위로 굴러 떨어지면서 스파크가 나서 불이 나기도 한다. 산불이 나면 주변에 있는 공기를 흡수하여 강한 회오리바람처럼 세력을 키워 순식간에 산 전체를 불태워버릴 수 있다.

한번 불이 난 산에는 떡갈나무, 굴참나무, 비목나무, 싸리나무와 같은 잡목들이 올라와 숲이 다시 형성되며 그 아래에는 다른 풀종류보다 고사리가 가장 먼저 올라온다. 이런 산을 4~5년 방치하면 약재나 목재로 쓸 수 없는 잡목이나 덩굴나무가 영역 다툼을 벌여 사람이 뚫고 들어갈 수 없을 만큼 촘촘하게 자라며 나무끼리 뒤얽혀 무성해진다.

71 | 초봄 숲이 한창 무성해질 무렵 야산에 들어갔다 오면 경상도말 사투리로 일명 '황치살'이라 하여 심한 가려움과 발진을 동반하는 알레르기가 생길 수 있다. 특히 몸에 땀이 나면 머리부터 발끝까지 급속도로 번져 고통이 심해진다. 일단 증상이 나타나면 응급조치로 곧바로 찬물에 들어가 땀을 식힌 후 산을 내려와 치료를 받아야 한다.

체질에 따라 황치살을 타는 사람이 있고 안 타는 사람이 있는데 필자는 심하게 타는 편이다. 자기 체질에 따라 이런 기간에는 산행을 자제하는 것이 좋다. 단, 큰 산에서는 그러한 현상이 덜하며 장마가 지나간 후에는 황치살이 오지 않는다.

72 | 산행을 할 때 인공적으로 만든 계단이나 큰 바위가 있는 곳, 내리막에서는 뛰지 말고 가볍게 내려와야 관절을 다치지 않는다. 특히, 산에 계단이 있을 경우 한쪽 무릎만 계속해서 쓰게 되므로 관절에 무리가 올 수 있다.

배낭도 너무 크거나 무거우면 좋지 않으므로 자기 체중에 맞는 것을 골라야 한다. 등산화도 산행에 매우 중요한데 발목이 높은 등산화를 신고 바위가 있는 곳이나 가파른 곳을 다니면 발목을 자유롭게 움직일 수 없어 관절 전체에 힘이 들어가므로 관절 건강에 좋지 않다. 특히 너덜바위나 도랑을 다닐 때는 복숭아뼈까지만 오는 등산화를 신는 것이 좋다.

:: 버섯의 특징

73 | 독버섯은 여름철부터 가을까지 나는데, 색깔과 모양이 화려하고 손으로 만지거나 열을 가하면 아주 쉽게 부스러진다.

74 | 식용버섯은 여름 또는 가을철 찬바람이 불 무렵 주로 나며, 나락이 익을 무렵 마사토에서 많이 볼 수 있다.

식용버섯은 채취할 때 쉽게 부스러지지 않으며, 겉살을 찢으면 연한 닭고기 살처럼 찢어지는 경우가 많다. 식용버섯을 채취한 후에는 바로 이물질을 제거하지 말고 끓는 물에 삶아 찬물에 헹굴 때 깨끗이 손질하는 것이 좋다.

특히 모든 자연산 버섯에는 연하게 독이 들어 있으므로 물에 우려낸 뒤 먹는 것이 좋은데, 채취한 뒤 곧바로 먹으려면 삶을 때 굵은 소금을 한 줌 넣어 독을 빼낸다.

75 | 나락이 떨어질 무렵이면 땅에서 나는 버섯들, 즉 한해살이 약용버섯과 식용버섯, 독버섯은 모두 녹아 소멸한다.

76 | 약용버섯은 주로 6월부터 자라는데 한해살이가 있고 여러해살이가 있다. 약용버섯들은 모두 껍질이 단단하고 속살이 짙은 밤색이다.

77 | 상황버섯 종류는 모두 나무에 붙어 자라며 한해살이인 마른진흙버섯과 여러해살이가 있다. 여러해살이는 겨울에 나무에 붙어 있다가 봄이 되면 해동되어 자란다. 윗등은 돌멩이처럼 딱딱하고 속살은 모두 노란빛을 띠며 아래쪽으로 자라난다.

78 | 약용버섯 중 영지, 상황, 잔나비걸상은 나무 밑둥치 부분에서 자라는데, 주로 죽은 나무에서 발견할 수 있으며 간혹 살아 있는 나무에서도 나는 경우가 있다.

79 | 살아 있는 나무에서 기생하는 버섯 중 나무의 상단 부분에 붙는 것은 대부분 약용버섯이다. 반면 나무의 하단 부분에 붙은 것 중에는 독버섯도 있으므로 각별히 주의한다.

80 | 겨우살이나 버섯처럼 다른 나무에서 기생하면서 살아가는 식물은 대부분 암에 사용하는 약재이다. 기생식물 중에는 잎 없이 살아가는 것도 있는데, 바로 '새삼'이다. 새삼은 덩굴손으로 이웃 식물들을 찾아다니면서 영양분을 섭취한다.

81 | 나무에 나는 버섯은 지표면에 나는 버섯보다 독이 없으나, 붉거나 색상이 아름답다. 아랫면에 벌집모양이 있는 것을 먹으면 치명적인 독이 되는 경우가 있다. 특히, 나무뿌리쪽에 나는 버섯 중에는 뇌에 치명적인 손상을 입히는 것들도 있으므로 식용할 때는 전문가와 상의한다.

82 | 상수리나무가 썩어 들어갈 때 그 뿌리쪽에서 영지가 난다. 이 때 영지를 채취한 자리에서는 그 이듬해에 여러 개가 올라오며 3~4년 정도 계속해서 채취할 수 있는데 그 기간 중에 영지가 한꺼번에 올라와 최고조를 이루는 기간이 있으며 그 이후에는 점차 소멸한다. 뿌리쪽의 영지가 소멸된 후 그 나무 밑둥치에 말굽버섯이 붙어 자라는데 3년 정도 계속해서 채취할 수 있다. 반면 썩어 들어가는 나무 원둥치에 말굽버섯이 먼저 붙으면 영지는 나지 않으며 다른 버섯도 전혀 붙지 않는다.

83 | 썩은 나무에 구름버섯이 많이 붙는 곳에서는 그 뿌리쪽에

간혹 영지를 1~2개 채취할 수는 있으나, 나무가 많이 썩어 들어간 상태여서 영지가 최고조를 이루는 시기는 지나간 것이다.

84 | 소나무가 죽은 다음에는 땅 속에서 복령(버섯)이 붙어 나온다. 송이버섯이 나는 곳은 멀리서 보면 소나무가 드문드문 있는 곳, 눈으로 보아 해지는 북동 방향, 바위가 있고 수령이 20~30년 된 소나무 밑에 자란다. 소나무 생목 중 큰 나무 밑에는 간혹 장마가 끝날 무렵 영지과의 불로초가 자라는데 전체적으로 검은색이다.

85 | 나무껍질이 얇고 목질이 연한 고목들은 이슬이나 비가 오면 목질에 수분이 가득 차서 잘 부풀어오르며 여름에도 햇빛에 잘 건조되지 않는다. 이런 나무에는 계절이 바뀔 때 먹을 수 있는 버섯이 잘 붙어 자란다.

86 | 약용버섯을 말릴 때는 채취한 상태로 햇빛에 건조시킨 뒤 버섯이 딱딱해지면 그때 이물질을 제거하거나 물로 씻어서 다시 햇빛에 말려야 오래 보관할 수 있다. 그렇지 않고 이물질을 곧바로 떼어내거나 물로 씻으면 버섯에 곰팡이가 빨리 슬거나 상품성이 떨어진다.

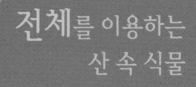

1

전체를 이용하는
산 속 식물

약 식

머위 *Petasites japonicus*

- 국화과 여러해살이풀
- 분포지 : 전국 들판
- 개화기 : 4~5월
- 결실기 : 6월
- 채취기 : 봄(어린잎·꽃), 봄~여름(줄기·잎·뿌리)

::별　명 : 머우, 머구, 머굿대
::생약명 : 봉두채(蜂斗菜), 관동화(款冬花), 관동엽(款冬葉)
::유　래 : 잎이 먹물처럼 짙푸르다고 하여 '머구' 또는 '머위'라는 이름이 붙여졌다.

■■ 생태

　높이 약 20~25cm. 줄기가 땅 속으로 뻗어 번식하며, 한 뿌리에서 1줄기씩 올라온다. 번식력이 매우 강하다. 잎은 가장자리가 톱니모양이며 매우 크고 뒷면에 잔털이 있다. 봄에 잔대가 나오며, 잎과 함께 꽃싸개가 오므라져 있다가 자랄수록 펼쳐진다. 4~5월에 노란빛을 띤 하얀 꽃이 피며, 자잘한 꽃송이들이 뭉쳐서 달린다. 열매는 6월에 여문다.

*유사종_ 개머위, 털머위

잎

전체 모습

■■■**효능**

  한방에서는 뿌리 · 줄기 · 꽃을 봉두채(蜂斗菜, 꽃모양이 벌이 한 말쯤 모인 것 같다는 뜻)라고 한다. 폐와 호흡기에 좋아서 기침을 가라앉히고 가래를 삭히며, 열을 내리고 통증을 가라앉힌다. 목이나 편도선 염증, 천식으로 인한 기침과 가래, 위나 간 기능 저하에 약으로 처방한다. 비타민 A와 칼슘이 풍부한 알칼리성 식품이다.

  민간에서는 기관지염 · 결핵으로 인한 기침 · 천식, 가래, 생선 식중독, 소화불량, 위장병, 뱀이나 독충에 물렸을 때, 심한 습진, 베인 상처에 피가 날 때 사용한다.

뿌리

002

[독] [약] 머위 유사종

털머위 *Farfugium japonicum*

- 국화과 늘푸른 여러해살이풀
- 분포지 : 제주, 전남, 경남, 울릉도 바닷가
- 개화기 : 9~10월
- 결실기 : 11~2월
- 채취기 : 여름~겨울

::별 명 : 왜머위, 말곰취
::생약명 : 연봉초(蓮蓬草)
::유 래 : 어린잎에 털이 많이 붙어 있어서 붙여진 이름이다. 또한, 일
　　　　　본에서 나는 머위라 하여 '왜머위', 곰취와 똑같은 꽃이 핀
　　　　　다고 하여 '말곰취' 라고도 한다.

■■■ 생태

　높이 약 40cm. 번식력이 아주 강하고, 군락을 이루며 자란다. 잎
은 머위와 똑같이 생겼지만, 머위보다 잎이 더 두껍고 윤곽이 선명
하며 겉이 반짝반짝하다. 어린잎일 때 털이 많이 붙어 있다. 꽃은 9
~10월에 길게 올라오는 노란 꽃대의 벌어진 끝에 여러 송이가 뭉
쳐서 달린다.

뿌리 | 잎

전체 모습

■■■효능

한방에서는 줄기와 뿌리를 연봉초(蓮蓬草)라고 한다. 열을 내리고, 독을 풀어주며, 종기를 삭히고, 혈액 순환을 활성화시킨다. 기관지나 림프선의 염증, 생선 식중독으로 인한 설사에 약으로 처방한다.

민간에서는 생선을 먹고 배가 아플 때, 종기가 곪았을 때, 화상이나 타박상, 습진, 독충에 물렸을 때, 심한 치통, 어깨결림, 유방 염증 등에 사용한다.

🔊 주의사항

독성이 있어서 나물로 잘 먹지 않는다. 예전에는 부드러운 줄기를 따서 껍질을 벗기고 갯물에 하룻밤 동안 담가 독을 우려낸 뒤, 데쳐서 나물로 무치거나 된장국을 끓여 먹었으며, 조림이나 튀김으로도 먹었다.

구절초 *Chrysanthemum zawadskii var. latilobum*

■ 국화과 여러해살이풀　　■ 분포지 : 전국 산지의 양지
❀ 개화기 : 7~8월　　🌶 결실기 : 10월
🔪 채취기 : 봄(어린잎), 여름(꽃), 9월(줄기 · 뿌리)

∷별　명 : 선모초(仙母草), 구일초, 들국화, 고봉(苦蓬), 창다구이, 고호(苦蒿)
∷생약명 : 구절초(九節草)
∷유　래 : 5월 단오가 되면 줄기가 5마디가 되고, 9월 9일이면 9마디
　　　　　로 자라는데, 이 때 채취하는 것이 가장 약효가 좋다고 하여
　　　　　구절초(九節草)라 부른다. 꽃모양이 신선같이 깨끗하다 하여
　　　　　'선모초(仙母草)'라 부르기도 한다.

■■ 생태

　높이 약 50cm, 많이 자라는 것은 1m. 뿌리가 땅 속에서 옆으로
뻗어나가며, 봄에 순을 꺾어 꺾꽂이하면 뿌리를 내린다. 잎은 갈래
갈래 갈라져 있으며, 원줄기와 잎이 흰 털로 덮여 있다. 꽃은 7~8
월에 원줄기 끝에 하얗게 핀다. 여러 줄기가 동시에 올라와 여러 송
이가 퍼서 보기에 아름다우며, 꽃향기가 강하여 가을 분위기에 젖
어들게 한다. 열매는 10월에 여문다.

전체 모습 | 잎

꽃 | 뿌리

■■■효능

한방에서는 줄기와 뿌리를 구절초(九節草)라고 한다. 위를 튼튼히 하고, 몸을 보하며, 양기를 북돋우고, 피를 맑게 하며, 통증을 없애고, 염증을 삭힌다. 생리불순, 기관지나 목의 염증, 심한 기침 감기, 면역력이 떨어졌을 때 약으로 처방한다.

민간에서는 몸이 찬 여성, 생리불순, 배가 차고 소화가 안 될 때, 뼈마디가 쑤시고 아플 때, 중풍기가 있을 때, 심한 치통, 상처가 났을 때, 양기를 북돋울 때, 입맛이 없을 때, 두통, 머리가 빠질 때 사용한다.

◀)) 주의사항

남성이 오랫동안 복용하면 양기가 줄어들므로 주의한다.

씀바귀 *Ixeris dentata*

■ 국화과 여러해살이풀   ■ 분포지 : 전국 들판
❀ 개화기 : 5~7월   결실기 : 6월부터   채취기 : 봄

::별   명 : 쓴귀물, 싸랑부리, 씀바구, 씸배나물
::생약명 : 산고매, 고채(苦菜), 황과채(黃瓜菜), 고고채(苦苦菜), 고채아
　　　　　(苦菜芽)
::유   래 : 맛이 쓰다고 하여 붙여진 이름이다.

■■ **생태**

　높이 20~25cm. 줄기는 가늘다. 잎은 사방으로 펼쳐져 나는데, 모양은 좁고, 길쭉하며, 잎 가장자리에 길쭉한 톱니가 있다. 어릴 때는 잎이 아래쪽으로 처지며, 잎이나 줄기를 따면 쌀뜨물 같은 유액이 나온다. 꽃은 5~7월에 긴 꽃대 끝에 노랗게 핀다. 열매는 6월부터 여무는데, 씨앗 끝에 털이 있어 바람에 날려 전파한다.

＊유사종 _ 선씀바귀, 흰씀바귀, 벌음씀바귀, 벌씀바귀, 갯씀바귀, 모래땅씀바귀.

　　　　흰씀바귀는 곁가지가 땅 위에 처져 올라오는데, 잎사귀는 좁고 긴 타원형으로 끝은 뾰족하며, 잎 가장자리에 톱니가 있고, 긴 꽃대 끝에 흰 꽃이 한 송이씩 핀다.

어린순 ｜ 전체 모습

꽃
뿌리

■■효능

한방에서는 줄기와 뿌리를 산고매 또는 고채(苦菜)라고 한다. 열을 내고, 독을 풀어주며, 위와 장을 튼튼히 하고, 설사를 멎게 하며, 가래를 삭히고, 부기와 종기를 가라앉히며, 새살을 돋게 한다. 위염, 폐렴, 간염, 고혈압, 간·위를 보할 때, 양기를 북돋울 때, 유방이나 입 안이 헐었을 때, 암이나 종양, 뼈가 부러지거나 타박상을 입었을 때 약으로 처방한다.

민간에서는 위염, 폐렴, 간염, 소화불량이나 입맛을 잃었을 때, 심한 기침과 열, 춘곤증, 얼굴이 누렇게 떴을 때, 변비나 설사, 소변 색이 붉을 때, 축농증, 뱀이나 독충에 물렸을 때, 종기, 사마귀, 부스럼, 타박상 등에 사용한다.

왕고들빼기 *Lactuca indica var. laciniata*

■ 국화과 두해살이풀　　　■ 분포지 : 전국 산과 들의 양지
🌸 개화기 : 5~6월　　🌱결실기 : 6월부터
🔪 채취기 : 초봄(어린잎), 봄~여름(줄기·뿌리)

::별　명 : 쓴동, 씀바우, 토끼밥
::생약명 : 활혈초(活血草)
::유　래 : 씀바귀와 비슷하지만 키가 훨씬 크다. 씹히는 맛이 고들고
　　　　 들하다고 하여 붙여진 이름이다.

■■ 생태

　높이 약 60~80cm. 씀바귀와는 달리 뿌리가 두툼하다. 줄기는
가늘게 올라오고, 잎은 줄기를 빙 둘러서 난다. 잎모양은 길쭉하고
크며, 가장자리가 엉성한 톱날처럼 생겼는데, 위로 올라갈수록 잎
크기가 작아진다. 줄기나 잎을 뜯으면 하얀 유액이 나온다. 꽃은 5
~6월에 노랗게 핀다. 6월부터는 열매가 여무는데, 씨앗이 바람에
날려 퍼진다.

*유사종 _ 애기고들빼기, 까치고들빼기, 지리고들빼기, 두메고들빼기

어린순 | 전체 모습

■■ 효능

　한방에서는 줄기와 뿌리를 활혈초(活血草)라고 한다. 피를 맑게 하고, 몸 속의 독과 통증을 없애며, 염증을 삭히고, 소변을 잘 나오게 한다. 위장을 튼튼히 할 때, 장기에 염증이 생겼을 때, 편도선이나 목이 아플 때, 이질로 인한 설사, 종기나 상처가 곪았을 때 약으로 처방한다.

　민간에서는 소화불량이나 입맛이 없을 때, 간이나 자궁의 염증, 설사, 열, 불면증, 양기를 북돋울 때, 유방 염증, 종기가 나서 아플 때 사용한다.

꽃 | 뿌리

톱풀 *Achillea sibirica*

- 국화과 여러해살이풀 ■ 분포지 : 전국 산지의 풀숲
- 🌸 개화기 : 7~10월 🌱 결실기 : 10월
- ⚒ 채취기 : 봄(어린잎), 여름~가을(줄기 · 뿌리)

::별　명 : 가새풀, 오공풀, 지네풀, 지호(枝蒿), 배암채
::생약명 : 시초(蓍草), 신초(神草)
::유　래 : 잎모양이 양날톱처럼 생겨서 붙여진 이름이다. 가위를 닮아서 '가새풀' 이라고도 한다.

■■■ 생태

　높이 50~110cm. 원줄기는 곧게 자라며, 곁가지도 그다지 처지지 않는다. 온몸에 부드러운 털이 있으며, 잎은 어긋나는데 잎마다 좁은 날개 같은 것이 붙어 있다. 꽃은 7~10월에 좁쌀만한 연홍색 꽃들이 곁가지마다 여러 송이 뭉쳐서 달린다. 열매는 10월에 여문다. 예전에는 흔한 식물이었지만 공업화가 진행되면서 거의 사라지고 간혹 산 속 양지바른 곳에서 발견할 수 있다.

어린순 | 꽃

뿌리

■■■**효능**

한방에서는 줄기와 뿌리를 시초(蓍草) 또는 신초(神草, 신선의 풀이라는 뜻)라고 한다. 균을 죽이고, 염증을 삭히며, 피가 멎고, 기력을 회복시키며, 살결이 고와지게 한다. 위염, 관절염으로 아플 때, 피가 날 때 약으로 처방한다.

민간에서는 소화가 안 되고 아플 때, 자궁이나 장의 출혈, 치질, 뼈마디가 아플 때, 코피가 자주 날 때, 기운이 없고 입맛을 잃었을 때, 면역력이 떨어져 감기에 잘 걸릴 때, 관절염, 타박상, 뱀이나 독충에 물려 부었을 때 사용한다.

바위취 *Saxifraga stolonifera*

■ 범의귀과 여러해살이풀 ■ 분포지 : 전국 산 속의 바위나 습지
🌼 개화기 : 5월 🌙 결실기 : 10월
✂ 채취기 : 봄(어린잎), 봄~가을(줄기 · 뿌리)

::별 명 : 범의귀
::생약명 : 호이초(虎耳草), 동이초(疼耳草), 등이초(燈耳草), 석하엽(石荷葉), 금사하엽(金絲荷葉), 선호이초(鮮虎耳草), 석하초(石荷草)
::유 래 : 바위 근처에 난다고 하여 붙여진 이름으로, 잎이 범이나 호랑이의 귀를 닮았다 하여 '범의귀' 또는 '호이초(虎耳草)' 라고도 한다.

■■ 생태

높이 약 50cm. 어릴 때는 몸체가 연하고 수분이 많다. 몸 전체에 붉은 갈색을 띤 긴 털이 많다. 잎은 둥글며, 잎 가장자리에 둥글둥글한 톱니가 있다. 꽃은 5월에 길쭉한 꽃대 끝에 하얗게 핀다. 꽃잎은 모두 5장으로, 2장은 귀처럼 쫑긋하게 길며, 나머지 3장은 아주 작다. 열매는 10월에 여문다.

＊유사종 _ 바위떡풀, 그름범의귀, 톱바위취

잎

꽃

■■효능

한방에서는 줄기와 뿌리를 호이초(虎耳草)라고 한다. 독을 없애고, 열을 내리며, 풍을 없애고, 염증을 삭히며, 위와 장을 튼튼히 해준다. 심한 기침 감기, 기관지염, 아이의 경기, 자궁 출혈, 풍기가 있을 때 약으로 처방한다.

민간에서는 위와 장이 약할 때, 심장병, 신장병, 여성 질환, 아이의 몸이 허약할 때, 발열, 습진, 화상, 독충에 물려서 아플 때, 종기나 여드름, 옻이 올랐을 때, 귀의 염증, 동상, 치질, 심한 코감기나 목감기 등에 사용한다.

삼지구엽초 *Epimedium koreanum*

- 매자나무과 여러해살이풀
- 분포지 : 중부 이북 고산지대
- 개화기 : 4 ~ 5월
- 결실기 : 7~8월
- 채취기 : 봄(어린잎), 여름~가을(줄기·뿌리)

::별　명 : 방장초, 선령비(仙靈脾), 천량금, 팔파리, 기장초, 선약초
::생약명 : 음양곽(淫羊藿)
::유　래 : 한 줄기에 가지가 3개, 잎이 9장이라고 하여 '삼지구엽초
　　　　 (三枝九葉草)' 라 부른다.

■■ 생태

높이 약 30cm. 한 포기에서 여러 줄기가 나와 3갈래로 갈라지고 그곳에서 다시 3갈래로 갈라진다. 타원형 잎은 가장자리에 뾰족한 피침이 일정하게 돋아 있다. 4~5월에 노란빛이 나는 하얀 꽃이나 붉은 자주색 꽃이 피며, 꽃 가장자리에 달팽이 촉수 같은 것이 붙어 있다. 열매는 7~8월에 여물고, 등쪽이 갈라지면서 씨앗이 나온다.

■■ 효능

한방에서 줄기와 뿌리를 음양곽(淫羊藿), 뿌리를 음양곽근(淫羊藿根)이라고 한다. 신장을 보하고, 양기를 북돋우며, 풍을 없애고, 습한 기운을 몰아낸다. 〈동의보감〉에도 "신양을 보하며 성기능을 높인다"고 하였다. 양기를 북돋울 때, 폐결핵으로 인한 기력 저하, 신경쇠약, 기관지염 등에 처방한다. 사포닌과 비타민 E가 풍부하다.

민간에서는 양기를 북돋울 때, 갱년기 장애, 풍기가 있어 팔다리에 감각이 없을 때, 허리와 무릎에 힘이 없을 때, 기력 저하로 이명 현상과 현기증, 손발저림과 혈액순환 장애, 고혈압, 양기 저하, 늙어서 나타나는 심한 건망증, 신경통, 소변이 잘 안 나올 때, 당뇨병, 폐결핵, 생리불순, 심한 천식, 종기가 나서 붓고 아플 때 사용한다.

잎, 줄기

약 식 삼지구엽초 유사종

자주꿩의다리 *Thalictrum aquilegifolium*

■ 미아리아재비과 여러해살이풀 ■ 전국 고산지대 계곡가나 바위절벽
🌸 개화기 : 6 ~ 7월 🎵 결실기 : 9 ~ 10월
✂ 채취기 : 봄(어린잎), 여름~가을(줄기·뿌리)

: :생약명 : 자당송초(紫唐松草)
: :유 래 : 줄기마디가 산꿩 다리처럼 생겼고, 자주색 꽃이 핀다고 하
          여 '자주꿩의다리' 라고 부른다.

■■ 생태

　높이 약 60cm. 뿌리와 줄기는 가늘고 길며, 몸 전체에 털이 없다.
줄기는 한 줄기에서 3갈래로 갈라져 자란다. 잎은 작고 둥글며, 3갈
래로 갈라진다. 꽃은 6~7월에 꽃잎 없이 자주색 꽃술만 올라온다.
열매는 9~10월에 여문다.

＊유사종 _ 꿩의다리, 좀꿩의다리, 긴잎꿩의다리, 산꿩의다리, 꿩의다리아
　　　　재비, 돈잎꿩의다리, 금꿩의다리, 은꿩의다리, 참꿩의다리, 연잎
　　　　꿩의다리

꽃 | 뿌리

전체 모습

■■■효능

한방에서 줄기와 뿌리를 자당송초(紫唐松草)라고 한다. 열을 내리고, 독을 풀어준다. 폐에 물이 차고 열이 날 때, 몸에 열이 심할 때, 목과 편도선이 부었을 때, 간염, 팔다리가 저리고 감각이 둔할 때, 장 출혈에 약으로 처방한다.

민간에서는 팔다리가 차고 아플 때, 설사, 감기 몸살, 몸에서 열이 나고 아플 때, 위장병, 두드러기나 종기, 눈병 등에 사용한다.

냉이 *Capsella bursa-pastoris*

- 십자화과 두해살이풀　　■ 분포지 : 전국 들판
- 개화기 : 3~6월　　결실기 : 5~6월
- 채취기 : 초봄(어린잎), 봄(줄기·뿌리)

:: 별　명 : 나숭게, 나생이, 계심채, 정장채, 나잉개
:: 생약명 : 제채(薺菜), 호생초(護生草)
:: 유　래 : 옛이름은 '나시'였으며, 세월이 흐르면서 지역에 따라 '나
　　　　숭게', '나생이', '냉이'로 부르게 되었다.

■■ 생태

　높이 약 10~50cm. 뿌리는 굵고 땅 속 깊이 들어가며, 뿌리에서 여러 잎이 올라와 땅으로 퍼져 자란다. 잎은 가장자리가 불규칙하게 찢어진 모양이며, 잎자루가 길다. 꽃은 3~6월에 줄기 끝에 하얀 꽃이 피는데, 꽃이 필 무렵 꽃대에 납작한 심장모양의 씨방들이 많이 달린다.

*유사종 _ 다닥냉이, 싸리냉이, 황새냉이, 좁쌀냉이, 논쟁이, 나도쟁이, 갯
　　갓냉이

전체 모습

전체 모습 | 채취한 모습

■■■ **효능**

한방에서는 줄기와 뿌리를 제채(薺菜)라고 한다. 비장·위장·간이 튼튼해지고, 소변을 잘 나오게 하며, 피가 멈추고, 간에 쌓인 독을 풀며, 눈이 밝아지게 한다. 〈동의보감〉에도 "냉이는 따뜻하고 달고 독이 없으며, 간 기능을 도와 간의 해독 작용을 한다. 냉이로 국을 끓여 먹으면 피를 끌어다 간에 들어가게 하고, 눈이 맑아진다"고 하였다. 당뇨, 방광염으로 소변 보기가 힘들 때, 생리혈이 많이 나오거나 산후 출혈이 심할 때, 소화가 잘 안 될 때, 빈혈에 약으로 처방한다. 비타민·단백질·칼슘·철분이 풍부하다.

민간에서는 고혈압, 뇌졸중, 뼈마디가 쑤시고 아플 때, 간이나 신장이 안 좋을 때, 눈이 침침할 때, 폐·장·자궁에서 피가 날 때, 배가 아플 때, 설사, 결핵, 간 질환, 눈이 붓고 눈꼽이 낄 때, 코피가 날 때 사용한다.

꽃

약 식 냉이 유사종

뽀리뱅이 *Youngia japonica*

- 국화과 두해살이풀　　　　■ 분포지 : 제주도, 중남부지방 들판
- 개화기 : 5~6월　 결실기 : 6월
- 채취기 : 봄(어린잎), 봄~여름(줄기 · 뿌리)

::별　명 : 보리뱅이, 황가채, 박조가리 나물
::생약명 : 황암채(黃鵪菜)
::유　래 : 꽃들이 봉우리(뽀리)처럼 모여 긴 줄기 끝에 매달린(뱅이) 모양을 하고 있다고 하여 붙여진 이름이며, '보리뱅이' 라고도 부른다.

■■ 생태

높이 20~100cm. 뿌리는 땅 속으로 깊이 들어가지 않는다. 줄기는 아주 가늘고 길며 곧게 서는데, 안쪽이 텅 비어 있고, 꺾으면 쌀뜨물 같은 허연 유액이 나온다. 잎은 무순처럼 생겼고, 자랄 때는 잎이 땅 쪽으로 뻗는다. 잎의 앞면은 매끄럽고, 뒷면에는 부드러운 잔털이 있다. 꽃은 5~6월에 노랗게 피는데, 꽃잎이 작고 드문드문 달려 있다. 꽃이 지면 열매가 여물고, 씨방에 흰 거미줄 같은 솜털이 붙어 있어 바람에 잘 날린다.

■■ 효능

한방에서는 줄기와 뿌리를 황암채(黃鵪菜)라고 한다. 열을 내리고, 몸 속의 독을 없애며, 염증을 삭히고, 통증을 없앤다. 목감기나 고열 감기, 유방이나 눈의 염증, 관절통, 요도염에 약으로 처방한다.

민간에서는 감기로 목이 아프고 열이 날 때, 젖몸살, 간이 나쁠 때, 눈의 염증, 뼈마디가 쑤시고 아플 때, 소변 볼 때의 통증, 목이 붓고 염증이 생겼을 때 사용한다.

전체 모습
꽃

배초향 *Agastache rugosa*

■ 꿀풀과 방향성 여러해살이풀   ■ 분포지 : 전국 산과 들
✿ 개화기 : 8 ~ 9월   🌰 결실기 : 10월
🌿 채취기 : 봄 ~ 여름(어린잎), 가을(줄기 · 뿌리)

:: 별　명 : 방아, 방애잎, 중개풀, 방아풀, 참뇌기, 토곽향(土藿香), 대박하(大薄荷)
:: 생약명 : 곽향(藿香)
:: 유　래 : 박하처럼 화하면서도 노릿한 향기가 몸 전체에서 나는 풀이다. 경상도에서는 '방아'라고 한다.

■■ 생태

높이 40~100cm. 줄기와 가지가 네모지다. 잎은 마디마다 마주나거나 빙 둘러서 나고, 잎 가장자리에 뭉뚝한 톱니가 있다. 잎자루는 독특한 향이 난다. 꽃은 8~9월에 좁쌀만한 연보라색 꽃들이 줄기 끝에 여러 송이 모여 하늘을 향해 달린다. 열매는 10월에 보라색으로 여문다.

꽃 | 잎

뿌리

■■■효능

　한방에서는 줄기와 뿌리를 곽향(藿香)이라고 한다. 위가 튼튼해지고, 몸 속의 독과 통증을 없애며, 염증을 삭힌다. 위염이나 위궤양, 장염, 설사, 소화불량, 구토, 두통 등에 약으로 처방한다.

　민간에서는 더위를 탈 때, 위장병으로 소화가 안 될 때, 구토나설사, 풍기, 감기 몸살, 위장 질환으로 인한 입냄새, 종기, 뱀이나 독충에 물려 아플 때 사용한다.

> ◀) **주의사항**
>
> 잎을 채취할 때는 칼이나 가위 등 쇠기구를 사용하면 식물이 죽어버리므로, 반드시 손으로 직접 따는 것이 좋다.

013 약 식

오이풀 *Sanguisorba officinalis*

■ 장미과 여러해살이풀　　■ 분포지 : 전국 야산과 들
❀ 개화기 : 7~9월　　🌰 결실기 : 8~10월
🔪 채취기 : 봄(어린잎), 봄~여름(잎), 늦가을~초봄(뿌리)

::별　명 : 가는오이풀, 수박풀, 외순나물, 생지유(生地楡), 지아(地芽),
　　　　　 야생마(野生麻)
::생약명 : 지유(地楡), 적지유(赤地楡)
::유　래 : 잎에서 신선한 오이향이 나는 풀이라고 하여 붙여진 이름
　　　　　 이다.

■■■ 생태

　높이 약 1m. 줄기는 곧고 위쪽으로 갈수록 가지들이 탄력 있게 휘어져서 갈라진다. 잎은 긴 타원형으로, 잎 가장자리에 일정한 톱니가 있다. 꽃은 7~9월에 꽃대 끝에 붉은빛이 나는 자주색으로 자잘한 꽃들이 여러 송이 모여서 달린다. 열매는 8~10월에 짙은 밤색으로 여문다.

잎

꽃

■■■효능

한방에서는 뿌리를 지유(地楡)라고 한다. 열을 내리고, 피를 맑게
하며, 출혈을 멈추게 하고, 독을 제거한다. 대장염으로 설사를 할
때, 치질로 변에 피가 묻어 나올 때, 생리혈이 많을 때, 코피가 자주
날 때, 종기가 나서 붓고 아플 때, 화상을 입었을 때 약으로 처방한
다. 비타민 C, 탄수화물, 단백질, 지방, 칼슘, 철, 구리, 아연 등이 함
유되어 있다.

민간에서는 갑작스런 복통과 설사, 변에 피가 묻어 나올 때, 자궁
출혈, 생리혈이 많을 때, 화상, 얼굴 기미, 습진이 잘 낫지 않을 때
사용한다.

꽃대

약 식 오이풀 유사종

산오이풀 *Sanguisorba hakusanensis*

- 장미과 여러해살이풀
- 분포지 : 전국 고산지대
- 개화기 : 8~9월
- 결실기 : 10월
- 채취기 : 봄(어린잎), 봄~여름(잎), 늦가을~초봄(뿌리)

::별 명 : 근엽지유(根葉地楡)
::생약명 : 지유(地楡), 적지유(赤地楡)
::유 래 : 잎이 오이풀과 비슷하지만, 오이 냄새가 나지 않는다. 높은
          산에 나는 오이풀이라 하여 붙여진 이름이다.

■■ 생태

높이 40~80cm. 뿌리가 아주 굵고 길며, 땅 속 깊이 들어간다.
줄기는 붉은색이고, 키가 작다. 줄기가 1~2개씩 올라오는 오이풀
과는 달리 여러 줄기가 한꺼번에 올라오며 군락을 지어 자란다. 잎
은 한가운데 붉은 띠가 있으며, 잎 가장자리에는 무딘 톱니가 있다.
꽃은 8~9월에 긴 꽃대 끝에 강아지풀처럼 생긴 붉은 자주색 꽃이
달린다. 열매는 10월에 네모꼴로 여문다.

■■ 효능

한방에서는 뿌리를 지유(地楡)라 하여 오이풀과 같이 처방한다.
민간에서는 심한 설사나 얼굴 기미에 사용한다.

잎의 앞뒤
뿌리

전체 모습
꽃

잎의 앞뒤
뿌리

뱀딸기 *Duchesnea chrysantha*

- ■ 장미과 여러해살이풀
- ■ 분포지 : 전국 산과 들의 풀숲
- ❀ 개화기 : 4~7월
- 🍒 결실기 : 6~7월
- ✂ 채취기 : 봄(어린잎), 여름(열매)

::별　명 : 땅딸기, 잠매, 아양매
::생약명 : 사매(蛇莓)
::유　래 : 열매가 익을 무렵 뱀이 많이 보인다고 해서 붙여진 이름이다.

■■ **생태**

　높이 25~100cm. 줄기는 땅 위로 비스듬히 누워 자라고, 가지는 옆으로 처진다. 잎은 3장씩 어긋난다. 꽃은 4~7월에 작은 꽃이 노랗게 핀다. 열매는 6~7월에 꽃이 지자마자 곧바로 여무는데, 모양이 둥글고 오톨도톨하다. 어릴 때 푸른색이었다가 익으면 붉어지는데, 속살은 하얗다.

꽃 | 전체 모습

열매

■■■효능

한방에서는 줄기 · 뿌리 · 열매를 사매(蛇莓)라고 한다. 피를 맑게 하고, 열을 내리며, 통증이 가라앉고, 종기가 없어지며, 독을 풀어 준다. 고혈압, 피부암, 몸에 열이 높을 때, 심한 기침, 목의 염증, 화상, 종기가 났을 때 약으로 처방한다.

민간에서는 목이 아프고 기침이 나올 때, 더위를 먹었을 때, 온몸이 불같이 뜨거울 때, 동맥경화증, 화상, 종기가 나서 아플 때, 뱀이나 독충에 물렸을 때, 귀의 염증 등에 사용한다.

🔊 주의사항

열매는 먹을 수 있지만, 많이 먹으면 배탈이 날 수 있다.

가락지나물 *Potentilla kleiniana*

- 장미과 여러해살이풀
- 분포지 : 전국 산과 들
- 개화기 : 4~7월
- 결실기 : 6~7월
- 채취기 : 봄(어린잎), 봄~여름(줄기 · 뿌리)

::별　명 : 쇠스랑개비
::생약명 : 사함(蛇含)
::유　래 : 모양은 뱀딸기와 비슷하지만 땅 위를 기어가는 줄기 끝부분
　　　　이 들려 있다. 잎모양이 쇠스랑처럼 생겼다고 해서 '쇠스랑
　　　　개비'라고도 부른다.

■■ 생태

높이 20~60cm. 줄기 끝이 비스듬히 누워 자라며, 어릴 때는 줄기가 옆으로 퍼진다. 잎은 손바닥처럼 5장이 마주 붙어서 난다. 꽃은 4~7월에 줄기 끝에 노랗게 여러 송이가 모여 달린다. 열매는 6~7월에 붉게 여문다.

＊유사종 _ 뱀딸기, 양지꽃, 딱지꽃, 짚신나물

■■ 효능

한방에서는 식물 전체를 사함(蛇含)이라고 한다. 열을 내리고, 몸속의 독을 없앤다. 목이나 편도선 염증, 아이가 경기를 하고 몸에 열이 날 때 약으로 처방한다.

민간에서는 목이 아프고 열이 날 때, 심한 기침, 뼈마디가 저리고 쑤실 때, 종기가 붓고 아플 때, 두드러기로 심하게 가려울 때, 뱀이나 독충에 물렸을 때, 목의 염증 등에 사용한다.

잎
꽃

돌나물 *Sedum sarmentosum*

- 돌나물과 여러해살이풀 ■ 분포지 : 전국 들판의 경사면
- 개화기 : 5~6월 결실기 : 7~8월
- 채취기 : 봄(어린잎), 여름~가을(줄기 · 뿌리)

::별 명 : 돈나물, 석상채(石上菜), 석지초(石指草)
::생약명 : 석지갑(石指甲)
::유 래 : 돌밭에 잘 나는 나물이라 하여 붙여진 이름이다.

■■ 생태

높이 15cm. 키는 작고, 줄기가 땅 표면을 따라 옆으로 뻗는다. 번식력이 강하고, 줄기와 잎에 수분이 많으며, 줄기를 잘라 땅에 심으면 뿌리를 내린다. 잎은 뾰족한 타원형으로 통통하며, 한 줄기에 층층으로 3장씩 빙 둘러난다. 꽃은 5~6월에 노랗게 핀다. 열매는 7~8월에 여문다. 농가에서 많이 재배한다.

*유사종 _ 바위채송화(바위 위에 핀다), 기린초

■■ 효능

한방에서는 뿌리와 줄기를 석지갑(石指甲)이라고 한다. 간의 독을 풀고, 피를 맑게 하며, 열을 내리고, 종기를 없앤다. 목의 염증, 간질환, 소변이 잘 안 나올 때 약으로 처방한다. 비타민 C와 무기질이 풍부하다.

민간에서는 간질환, 술독을 풀 때, 얼굴이 누렇게 뜨고 무기력할 때, 일사병, 치질, 하혈, 곪은 상처, 타박상 등에 사용한다.

전체 모습 | 꽃

뿌리 | 꽃

약 식 돌나물 유사종

기린초 *Sedum kamtschaticum*

- 돌나물과 여러해살이풀　　■ 분포지 : 전국 산 속의 바위 근처
- 개화기 : 6~7월　　결실기 : 8~9월
- 채취기 : 봄(어린잎), 초여름~여름(줄기 · 뿌리)

::별　　명 : 경천삼칠(景天三七)
::생약명 : 비채(費菜)
::유　　래 : 돌나물과 비슷하지만 줄기가 곧게 서 있다. 옛날에 떠난 님
　　　　　을 기다리다가 기린처럼 목이 길어진 여인이 환생한 꽃이라
　　　　　하여 '기린초(麒麟草)' 라 부른다.

■■ 생태

　높이 5~30cm. 뿌리 · 줄기 · 잎이 두툼하며, 수분이 많아 여름
가뭄에도 잘 견딘다. 줄기는 모여나고 길게 선다. 잎은 어긋나고,
모양은 긴 타원형으로 가장자리에 칼집을 낸 듯한 둔한 톱니가 있
다. 꽃은 6~7월에 노랑 또는 붉은색으로 뭉쳐서 핀다. 열매는 별모
양으로 나란히 벌어져 열린다. 봄에 새순을 손으로 잘라 땅에 살짝
꽂으면 번식한다. 되도록 칼 같은 쇠기구를 사용하지 않는 것이 요
령이다. 물을 자주 주면서 관리하면 빨리 뿌리가 내려 잘 자란다.

*유사종 _ 돌꽃, 좁은잎돌꽃, 바위돌꽃, 꿩의비름, 발똥비름, 가는기린초.
　　　　유사종은 모두 여러해살이풀로 생명력이 강하여 누구나 가정에
　　　　서 손쉽게 키울 수 있다.

어린순 | 열매

■■■효능

줄기와 뿌리를 비채(費菜)라고 한다. 피를 잘 돌게 하고, 피를 멎게 하며, 종기를 삭히고, 독을 없앤다. 기침이 심하여 피가 나올 때, 변에 피가 섞여 나올 때, 가슴이 두근거릴 때 약으로 처방한다.

민간에서는 코피, 변과 함께 피가 나올 때, 기침에 피가 섞여 나올 때, 몸이 허약할 때, 타박상, 종기 등에 사용한다.

잎 | 꽃
꽃

홀아비꽃대 *Chloranthus japonicus*

- 홀아비꽃대과 여러해살이풀 ■ 분포지 : 전국 숲 속 양지
- 개화기 : 4~5월 결실기 : 9~10월
- 채취기 : 봄(어린잎), 봄~여름(줄기·뿌리)

::별　명 : 홀아비쌍꽃대
::생약명 : 은선초(銀線草), 은선초근(銀線草根)
::유　래 : 꽃잎 없이 꽃술만 올라온다. 아내를 두고 세상을 떠난 남편
　　　　　이 환생한 꽃이라고 하여 붙여진 이름이다.

■■ 생태

높이 20~30cm. 뿌리에 마디가 많고, 덩어리가 졌으며, 잔털이
있다. 어릴 때는 줄기가 외대로 길게 올라오며 마디가 있다. 잎은 4
장씩 붙어나고, 모양이 길쭉한 타원형이며, 잎 가장자리에 날카로
운 톱니가 있다. 꽃은 4~5월에, 여러 줄기가 한꺼번에 올라와 하얗
게 피고, 양면칫솔과 비슷한 모양이다. 여름이 오기 전에 줄기와 잎
이 말라버리며, 뿌리는 휴면에 들어간다.

■■ 효능

줄기와 잎을 은선초(銀線草), 뿌리를 은선초근(銀線草根)이라고
한다. 풍을 없애고, 어혈을 몰아내며, 독을 풀고, 오한을 없애며, 기
운을 북돋운다. 중풍, 심한 기침 감기 몸살, 생리를 하지 않을 때, 종
기, 소변이 잘 안 나올 때, 관절염, 마음 고생이 심할 때, 위통에 약
으로 처방한다.

민간에서는 풍기, 뼈마디가 쑤시고 아플 때, 온몸이 춥고 기침이
날 때, 기운이 없을 때, 타박상, 종기가 나서 아플 때 사용한다.

꽃
꽃
전체 모습(어린순)

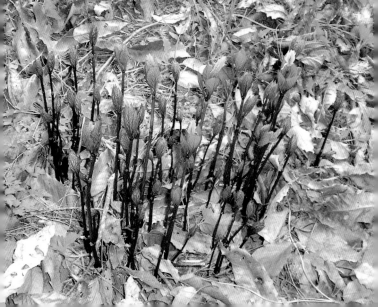

쥐오줌풀 *Valeriana fauriel*

■ 마타리과 여러해살이풀   ■ 분포지 : 전국 산지 풀숲 그늘
🌸 개화기 : 5~8월   🌰 결실기 : 7~8월
🌿 채취기 : 봄(어린잎), 여름~가을(줄기 · 뿌리)

:: 별   명 : 길로초, 힐초, 향초, 진지초, 중대가리풀, 은대가리(나물), 법
          씨힐초(法氏纈草)
:: 생약명 : 길초(吉草)
:: 유   래 : 뿌리에서 비릿한 쥐오줌 냄새가 난다고 해서 붙여진 이름
          이다.

■■■ 생태

높이 40~80cm. 뿌리는 짧으며 땅 밑에 깊이 들어가지 않는다.
줄기는 곧게 서고, 속이 비어 있다. 어릴 때는 땅 위로 축 처지면서
자란다. 잎은 한 잎자루에서 여러 갈래로 갈라져 나며, 잎 가장자리
에 큼직한 톱니가 있다. 꽃은 5~8월에 연홍색으로 피는데, 크기는
작고 하늘을 향하며, 원줄기에서 긴 대가 올라와 줄기 끝부분에 모
여 달린다. 열매는 7~8월에 여문다.

어린순

■■■효능

한방에서는 줄기와 뿌리를 길초(吉草)라고 한다. 신경을 안정시
키고, 심장을 튼튼하게 하며, 기운을 북돋우고, 통증을 없앤다. 정
신이 불안하고 가슴이 두근거릴 때, 히스테리, 생리불순과 심한 생
리통, 요통, 위무기력증이나 위경련, 관절염에 약으로 처방한다.

민간에서는 심장이 약하거나 두근거릴 때, 신경이 날카롭고 짜
증이 날 때, 생리 이상, 관절이 아플 때, 천식, 피로하고 밤잠을 설칠
때, 타박상 등에 사용한다.

◀) 주의사항

맛이 쓰고 독성이 조금 있으므로 먹기 전에 반드시 찬물에 담가 우려 내야 한다.

제비꽃 *Viola mandshurica*

■ 제비꽃과 여러해살이풀　　■ 분포지 : 전국 들판
🌸 개화기 : 4~5월　　🌱 결실기 : 6월
🔪 채취기 : 봄(어린잎 · 꽃), 봄~여름(줄기 · 뿌리)

:: 별　명: 두견화, 오랑캐꽃, 장수꽃, 병아리꽃, 씨름꽃, 앉은뱅이꽃
:: 생약명: 자화지정(紫花地丁), 동북근채(東北菫菜)
:: 유　래: 제비가 돌아오는 봄에 핀다고 해서 붙여진 이름이다. 두견
　　　　　　새가 울 때 핀다고 해서 '두견화', 꽃모양이 오랑캐 뒷머리
　　　　　　를 닮았다고 해서 '오랑캐꽃' 이라고도 부른다.

■■ 생태

　높이 10cm. 뿌리는 길게 잘 뻗는다. 줄기는 없으며, 뿌리에서 곧
바로 잎이 나온다. 잎의 겉면은 매끄럽고, 잎 가장자리에 둔한 톱니
가 있다. 잎이 다 자라면 빨래방망이나 배를 젓는 노모양처럼 아주
길쭉해지고 끝이 무뎌진다. 꽃은 4~5월에 자주색으로 핀다. 열매
는 6월에 타원형으로 여문다. 어린 열매는 푸른색을 띠다가 다 익
으면 껍질이 툭 터지면서 둥글고 검은 씨앗들이 땅에 떨어진다.
*유사종 _ 태백산 제비꽃, 고깔제비꽃, 금강제비꽃(이상 3종은 높은 산에 난다).
　　　　남산제비꽃, 얇은잎제비꽃, 조방제비꽃, 콩제비꽃(이상 4종은 낮
　　　　은 산에 난다). 제비꽃 종류는 잎모양이나 줄기가 제각기 다르게
　　　　생겼으며, 꽃모양은 비슷하고 하양과 자주 등 2종류이다.

전체 모습

잎
열매

■■효능

한방에서는 뿌리와 줄기를 동북근채(東北菫菜), 자화지정(紫花地丁)이라고 한다. 피를 맑게 하고, 열을 내리며, 통증을 가라앉히고, 독을 풀며, 가래와 염증을 없앤다. 위염, 방광염이나 전립선염, 변에 피가 섞여 나올 때, 관절이 아플 때, 눈이 충혈되고 아플 때 약으로 처방한다.

민간에서는 위염, 간이 안 좋아 얼굴이 누렇게 떴을 때, 눈의 피로와 충혈, 목이나 림프선이 붓고 아플 때, 소변이 잘 안 나올 때, 몸에 신열이 있을 때, 불면증, 변비, 심한 기침과 가래, 뼈마디가 쑤시고 허리가 아플 때, 어깨 결림, 타박상, 상처 부위가 곪고 아플 때 사용한다.

소나무 *Pinus densiflora*

- 소나무과 늘푸른 큰키나무　■ 분포지 : 전국 산과 들
- 개화기 : 5월　결실기 : 9월
- 채취기 : 초봄(어린잎), 봄(꽃가루), 봄~여름(줄기껍질), 여름~초가을
   (잎), 가을(뿌리), 수시로(진액)

::별　명 : 송목, 솔나무, 솔, 소오리나무, 송, 직송, 송수, 청송
::생약명 : 송근(松根), 송절(松節), 송목피(松木皮), 송엽(松葉), 송화분(松
　　　　 花粉), 송구(松笝), 송지(松脂), 테레핀유
::유　래 : 예로부터 나무 가운데 우두머리(수리)가 된다 하여 '수리나
　　　　 무' 라 부르다가 세월이 흘러 '소나무' 라 불려졌다.

■■ **생태**

　높이 20~30m. 어릴 때는 줄기가 붉은 갈색을 띤 '적송(赤松)' 이
지만 자라면서 '홍송(紅松)' 으로 변한다. 어릴 때 가지가 5개씩 올
라오는 것은 '반송(盤松)' 이다. '해송(海松)' 은 해안가에 서식하고,
몸 전체의 껍질이 검은빛이 나는 갈색이며, 잎은 찔리면 아플 정도
로 아주 거칠다. 줄기껍질은 비늘처럼 갈라진다. 잎은 바늘처럼 뾰
족하고 2장씩 마주 달린다. 꽃은 5월에 핀다. 꽃이 진 후 풋열매가
달리고 다음해 9월에 붉은 갈색으로 여문다.

　소나무도 에이즈에 걸리는데, 바로 '소나무 재선충병' 이다. 실
처럼 가는 재선충이 솔수염하늘소를 따라 이동하면서 소나무의 수
분 통로를 막아 발병한다. 한번 감염되면 솔잎이 우산살모양으로
처지며, 1개월 안에 나무가 말라죽는다.

줄기
전체 모습

햇열매
묵은 열매

🔊 **주의사항**

소나무에 들어 있는 송진에는 독성이 있어 오래 먹으면 치매가 오거나, 기력이
없어지고, 몸이 무거워질 수 있으므로 주의한다.

꽃(작은 사진)
어린순

■■■효능

한방에서는 뿌리를 송근(松根), 가지와 줄기를 송절(松節), 줄기
껍질을 송목피(松木皮), 잎을 송엽(松葉), 꽃가루를 송화분(松花粉),
열매를 송구(松㾂), 진을 송지(松脂)라고 한다. 풍을 없애고, 기를 보
하고, 피를 활성화시키고, 피를 멈추게 하며, 어혈을 풀고, 독을 내
보내며, 통증·염증·가려움증을 가라앉히고, 균을 죽인다. 풍기
가 있어 한기가 돌 때, 산후풍, 관절염이나 골수염, 위염으로 소화
가 안 될 때, 몸이 허할 때, 상처가 오랫동안 낫지 않을 때, 타박상,
소변 보기가 힘들거나 변비가 있을 때 약으로 처방한다.

민간에서는 산후 조리를 잘못하여 산모의 몸이 허약할 때, 허리
와 뼈마디가 쑤시고 아플 때, 골수염, 당뇨병, 신경통, 골다공증, 폐
결핵, 화상이나 동상, 고혈압, 심한 생리통, 생리불순, 당뇨, 두통,
심한 천식, 간염, 위염이 오래갈 때, 기생충이 있을 때, 우울증, 머리
가 하얗게 쇠었을 때, 관절이 쑤시고 아플 때, 심한 치통, 풍, 풍기,
설사, 종기가 나서 잘 아물지 않을 때, 위를 튼튼히 할 때, 양기를 북
돋울 때, 몸이 허하고 기운이 없을 때 사용한다.

약 식 소나무 유사종

잣나무 *Pinus koraiensis*

■ 소나무과 늘푸른 큰키나무　　■ 분포지 : 전국 고산지대
🌺 개화기 : 5월　🌰 결실기 : 10~11월
✂ 채취기 : 봄(어린잎), 여름~초가을(잎 · 풋열매), 가을(열매 · 뿌리),
　　　　　수시로(가지)

:: 별　　명 : 홍송(紅松), 송자송(松子松), 송자인, 백목(栢木), 백자목(柏子
木), 신라송(新羅松), 조선오엽송(朝鮮五葉松), 오립송(五粒松),
과송(油松), 해송(海松), 상강송(霜降松)
:: 생약명 : 해송자(海松子)
:: 유　　래 : 소나무와 비슷하게 생겼지만, 나무줄기가 매우 꼿꼿하다.
까치(鵲)가 열매를 좋아하는 나무라는 데서 유래하여 붙여
진 이름이다.

■■ 생태

　높이 30m. 주로 위험한 지역에 서식하고, 군락을 이루며 자란다.
몸 전체가 검은 갈색이고 곧게 자라며, 마디마다 가지가 빙 둘러서
난다. 잎은 바늘모양이고, 소나무와는 달리 5장씩 뭉쳐나며, 잎에
하얀 기공선이 있다. 햇가지에서 나오는 잎은 3~5년 동안 나무에
붙어 있다. 꽃은 5월에 붉은 자주색으로 핀다. 열매는 10~11월에
크고 긴 타원형으로 나무 끝가지에 붙어서 여문다. 겉껍질은 솔방
울처럼 비늘조각으로 감싸져 있고 그 안에 씨앗이 들어 있다. 한 해
풍년이면 다음해 흉작이 되는 해걸이를 한다.

　나무의 겉껍질이 너덜너덜하여 올라가면 미끄러지거나 썩은 가
지를 밟을 수 있으므로 주의한다. 열매를 채취하여 햇빛에 말리면
비늘 같은 열매껍질이 벌어지면서 안쪽에 알맹이가 보이는데, 이
때 송진이 붙지 않도록 장갑을 끼고 툭툭 치거나 발로 비비면 알맹
이를 벗기기 쉽다. 알맹이를 깨뜨리면 씨앗인 잣이 나온다.

잎
전체 모습

열매

잎

■■효능

한방에서는 열매를 해송자(海松子)라고 한다. 예로부터 신선이 먹는 식품이라고 꼽혀왔다. 기를 보하고, 피를 만들며, 풍을 없애고, 폐와 피부를 윤택하게 하며, 장의 활동을 촉진시킨다. 풍기가 있어 팔다리가 저릴 때, 어지러울 때, 기침과 심한 변비에 약으로 처방한다. 불포화지방산과 단백질이 풍부한 건강식품이다.

민간에서는 거친 피부, 병후 쇠약, 풍기, 심한 변비, 기침이 심하고 숨이 찰 때, 몸에 열이 나고 식은땀이 날 때, 불면증, 산후 조리를 잘못하여 산모의 몸이 허하고 차가울 때, 온몸이 쑤시고 아플 때, 소변·땀이 잘 안 나올 때, 머리가 하얗게 쇠었을 때, 팔다리가 차갑고 아플 때, 생리혈이 멎지 않을 때, 심한 설사, 잇몸에서 피가 날 때, 폐결핵이나 기관지염, 가래, 양기를 북돋울 때, 노화 방지, 신경통, 손발의 관절이 붓고 아플 때, 베인 상처에서 피가 날 때, 통증이 심한 타박상, 치통, 화상 등에 사용한다.

뽕나무 *Morus alba*

■ 뽕나무과 잎지는 작은큰키나무 ■ 분포지 : 전국 산 속 개울가
🌸 개화기 : 5월 🌿 결실기 : 6~7월
✂ 채취기 : 봄(어린잎·줄기껍질), 여름(열매), 늦가을(뿌리)

::별 명 : 오디나무, 상지(桑枝)
::생약명 : 상근(桑根), 상엽(桑葉), 상심(桑椹), 상근백피(桑根白皮)
::유 래 : 열매를 많이 먹으면 소화가 잘 되어 방귀가 '뽕' 하고 나온
       다고 해서 붙여진 이름이다. 중국의 고서에는 누에가 잎을
       먹는 신목(伸木)이므로 '상(桑)' 이라 하였다.

■■ 생태

 높이 10~15m. 줄기는 회색빛이 나는 갈색이다. 봄에 수액이 올
라올 무렵 나무를 잘라보면 누런 뜨물 같은 것이 나온다. 잎은 흔히
1장에서 3갈래로 불규칙하게 갈라지며, 잎 가장자리는 톱날모양이
다. 꽃은 5월에 짙은 갈색이나 하얀 색으로 핀다. 열매는 6~7월에
열매가 맺히는데, 처음에는 푸르다가 중간에는 붉어지며 완전히
익으면 검게 된다.

*유사종 _ 산뽕나무,
들뽕나무, 섬뽕나무,
가새뽕나무, 구지뽕
나무

꽃

잎

■■■효능

　한방에서는 뿌리를 상근(桑根), 줄기껍질을 상근백피(桑根白皮), 가지를 상지(桑枝), 잎을 상엽(桑葉), 열매를 상심(桑椹)이라고 한다. 간과 신장에 이롭고, 피를 멈추게 하며, 정신을 안정시키고, 풍을 없애며, 열을 내리고, 눈이 밝아지며, 관절이 부드러워지고, 소변이 잘 나오며, 새살을 돋게 하고, 통증을 없애며, 열을 내린다. 기침, 천식, 잦은 소변, 신경 쇠약, 신경통, 팔다리가 뻣뻣하거나 마비가 올 때, 고열에 약으로 처방한다. 비타민 A · B₁ · D가 함유되어 있다.

　민간에서는 관절이나 손발이 뻣뻣할 때, 다리가 부었을 때, 고혈압, 소변 이상, 눈이 침침하거나 붉게 충혈될 때, 열, 풍기, 심한 갈증, 기침, 뼈마디가 쑤시고 아플 때, 입 안 염증, 아이의 경기, 변비, 이명, 간과 신장이 안 좋을 때, 베거나 상처났을 때, 독충에 물렸을 때, 종기가 나서 아플 때 사용한다.

열매

꾸지뽕나무 *Cudrania tricusidata*

- 뽕나무과 잎지는 작은큰키나무
- 분포지 : 전남, 경남, 경북, 충남, 황해도 야산
- 개화기 : 5~6월 결실기 : 9~10월
- 채취기 : 봄(어린잎 · 줄기껍질), 가을(열매), 수시로(뿌리)

::별   명 : 구지뽕나무, 굿가시나무
::생약명 : 자목(刺木), 자목백피(刺木白皮), 자수경엽(刺樹莖葉), 자수과
          실(刺樹果實)
::유   래 : 뽕나무는 아니지만 잎을 누에에게 먹일 수 있어 굳이 말하
          면 뽕나무 축에 낀다고 하여 붙여진 이름이다.

■■ 생태

　높이 10m. 뿌리는 노란색인데 뽕나무 종류는 모두 뿌리가 노랗
다. 줄기껍질은 단단하며 누르스름하다. 뽕나무와는 달리 몸 전체
에 큰 가시가 드문드문 돋아 있으며, 자랄수록 곁가지가 많이 벌어
진다. 잎은 긴 타원형이며 두툼하다. 꽃은 5~6월에 잎과 함께 암수
딴그루로 핀다. 열매는 9~10월에 붉은 자주색으로 여무는데, 겉껍
질이 뇌모양으로 갈라진다.

줄기 | 잎

열매

■■■효능

한방에서는 줄기를 자목(刺木), 줄기껍질과 뿌리껍질을 자목백피 (刺木白皮), 잎을 자수경엽(刺樹莖葉), 열매를 자수과실(刺樹果實)이 라고 한다. 신장을 보하고, 정기를 북돋우며, 피를 맑게 하고, 염증 과 통증을 가라앉히며, 풍을 없애고, 피를 활성화시킨다. 여성 질 환, 허리 통증, 폐결핵, 관절염에 약으로 처방한다.

민간에서는 자궁암, 여성 질환, 폐결핵, 목이 붓고 아플 때, 팔다 리가 쑤시고 아플 때, 생리불순, 간염, 거친 피부, 습진이 낫지 않을 때, 타박상, 관절염, 허리 통증에 사용한다.

겨우살이 *Viscum album var. coloratum*

- 겨우살이과 겨울에만 푸른 반기생식물
- 분포지 : 전국 높은 나무 위

🌸 개화기 : 1~2월   🍂 결실기 : 12~2월   🔪 채취기 : 겨울~초봄(줄기)

::별　명 : 동청(凍靑), 저시살이, 기생목
::생약명 : 상기생(桑寄生), 곡기생(槲寄生)
::유　래 : 한겨울에만 푸르게 산다고 해서 붙여진 이름이다.

■■ 생태

　큰 종류는 지름 1m. 멀리서 보면 까치둥지처럼 둥글게 생겼으며, 줄기는 푸른 바탕에 노란빛이다. 잎은 마디마다 마주나는데, 끝이 뭉툭하고 아래쪽은 둥그스름하다. 채취할 즈음에는 푸르스름하지만 말리면 노릇노릇해진다. 꽃은 1~2월에 연노랑으로 3송이씩 핀다. 열매는 둥글며 빨갛거나 노랗게 여문다.

　번식 방법이 독특한데, 겨울에 새들이 배가 고파 열매를 따먹고 나면 끈적끈적한 진액이 부리에 묻어 입을 벌리기 힘들어지는데, 이 때 새가 다른 나무에 부리를 비비면서 씨앗을 옮긴다.

　봄에 나무에 물이 오르고 잎이 돋아날 무렵이면 마디마다가 툭툭 털어지면서 기생하는 나무 속에 내린 뿌리만 남고 몸체는 소멸한다.

전체 모습

군락을 이룬 모습
채취한 모습

■■■효능

　한방에서는 줄기와 뿌리를 상기생(桑寄生)이라고 한다. 신장을 보하고, 면역력을 키우며, 몸이 따뜻해지고, 술독을 푼다. 신장병, 관절염, 몸이 허약할 때, 당뇨, 고혈압이나 동맥경화에 약으로 처방한다.

　민간에서는 암, 고혈압, 현기증, 몸이 붓고 소변이 잘 안 나올 때, 간 이상, 당뇨, 풍기, 심장 쇠약, 관절이 쑤시고 아플 때, 생리혈이 많이 나올 때, 자궁 출혈, 위궤양, 눈이 침침하고 잇몸이 부실할 때, 머리카락이 많이 빠질 때, 술독을 풀 때, 가슴이 두근거릴 때, 불면증, 종기가 나서 아플 때 사용한다.

다래나무 *Actinidia arguta*

■ 다래나무과 잎지는 덩굴나무　■ 분포지 : 전국 산골짜기
✿ 개화기 : 5월　🔺 결실기 : 10월
🪓 채취기 : 초봄(어린잎·수액), 여름(잎), 가을(열매·뿌리)

::별　　명 : 참다래, 목자, 등리
::생약명 : 미후리(獼猴梨), 미후도(獼猴桃)
::유　　래 : 열매가 달디 달다고 해서 '다래' 라고 하며, 다래나무 종류
　　　　　　 가운데 으뜸가는 다래라 하여 '참다래' 라고도 부른다.

■■ 생태

　길이 7m. 줄기껍질은 불그스름한 갈색이며, 이웃나무에 감아 올
라가는 것을 좋아한다. 잎은 넓적한 달걀모양이며 어긋난다. 어릴
때는 잎 뒷면에 갈색 털이 났다가 사라지며, 잎 가장자리에 작은 톱
니가 촘촘하게 있다. 꽃은 5월에 피는데, 모양이 벚꽃 같으며 색깔
은 하얗고, 향이 좋다. 열매는 10월에 여무는데, 모양은 동글동글한
대추처럼 생겼으며 노란빛
이 나는 초록색이다.

＊유사종 _ 쥐다래, 섬다래(키
위), 개다래

열매 | 줄기

꽃
순 | 잎

■■효능

한방에서는 뿌리와 잎을 미후리(獼猴梨), 열매를 미후도(獼猴桃)라고 한다. 풍기를 없애고, 열을 내리며, 위를 튼튼히 하고, 뼈와 근육을 보하며, 갈증과 통증을 없앤다. 중풍, 소화 불량, 구토나 설사, 황달기, 관절염, 심한 갈증, 고열, 요로 결석, 간염이 있고 복수가 찰 때 약으로 처방한다. 열매에는 비타민 A · C와 단백질이 풍부하고, 나뭇가지의 수액에는 비타민 C, 칼슘, 각종 미네랄이 풍부해서 몸 속의 노폐물을 배출시키고 산성 체질을 알칼리성으로 바꿔주는 효과가 있다.

민간에서는 풍기, 신장염, 소변 이상, 간기능 이상으로 얼굴이 누렇게 뜰 때, 몸이 부었을 때, 위염, 관절염, 산모의 젖이 잘 안 나올 때, 당뇨, 입맛이 없고 소화가 안 될 때, 심장이 약할 때, 잠이 잘 안 오고 가슴이 답답할 때, 몸에 열이 나고 갈증이 심할 때, 잇몸 출혈 등에 사용한다.

노박덩굴 *Celastrus orbiculatus*

■ 노박덩굴과 잎지는 덩굴나무 ■ 분포지 : 전국 산골짜기
✿ 개화기 : 5~6월 🌱 결실기 : 10월
✂ 채취기 : 봄(어린잎), 늦여름~가을(뿌리), 늦가을~겨울(뿌리)

::별　　명 : 노박따위나물, 노랑패너울, 노랑꽃나무, 지남사(地南蛇), 금
　　　　　홍수(金紅樹), 백룡(白龍), 과산룡(過山龍)
::생약명 : 남사등(南蛇藤), 남사등근(南蛇藤根), 남사등엽(南蛇藤葉)
::유　　래 : 노란 박처럼 생긴 열매가 달리는 덩굴이라 하여 붙여진 이
　　　　　름이다.

■■ 생태

　길이 10m. 줄기는 노란빛이 나는 갈색이며, 다른 나무를 감아 올
라가는 습성이 있다. 잎은 둥글며 잎 가장자리에 톱니가 있다. 꽃은
5~6월에 노랗게 핀다. 열매는 10월에 노란색으로 여무는데, 다 익
으면 3쪽으로 갈라지면서 붉은 씨앗이 나온다. 열매 꼬투리는 낙엽
이 모두 떨어진 후에도 이듬해 봄까지 붙어 있다.

전체 모습

꽃

■■■효능

한방에서는 줄기를 남사등(南蛇藤), 뿌리를 남사등근(南蛇藤根), 잎을 남사등엽(南蛇藤葉)이라고 한다. 풍을 없애고, 혈맥을 활성화시키며, 기를 잘 돌게 하고, 어혈을 흩어주며, 염증을 삭히고, 통증을 없앤다. 중풍으로 인한 팔다리 마비, 신경통, 아이의 경기, 머리가 무겁고 아플 때, 몸이 찰 때 약으로 처방한다.

민간에서는 중풍으로 인한 팔다리의 마비, 천식, 치질, 생리통, 종기가 곪아서 아플 때, 혈액 순환이 안 되어 손발이 차고 저릴 때, 관절이 쑤시고 아플 때, 심한 설사, 고혈압, 불면증, 뱀이나 독충에 물렸을 때 사용한다.

◀️ 주의사항

노박덩굴에는 약간 독성이 있어 너무 많이 복용하면 설사하므로 주의한다.

열매 | 마른 열매

참두릅나무 *Aralia elata*

■ 두릅나무과 잎지는 작은키나무 ■ 분포지 : 전국 산 속 계곡
🌸 개화기 : 8~9월 🌿 결실기 : 10월
🔪 채취기 : 봄(어린순), 늦여름~초가을(뿌리껍질), 수시로(줄기)

:: 별　명 : 참드릅, 두릅나무
:: 생약명 : 목두채(木頭菜), 근피(根皮), 총목피(楤木皮)
:: 유　래 : 두릅나무는 나무두릅과 땅두릅(두릅나무과 여러해살이풀) 2
　　　　　종류가 있는데, 두릅나무 중에서도 맛이 좋은 두릅이 나는
　　　　　나무라 하여 붙여진 이름이다.

■■ 생태

높이 3~4m. 뿌리는 굵고 길게 뻗으며, 줄기껍질은 하양 또는 회색빛이 도는 갈색이고, 몸체에 가시가 없다. 원줄기에서 곁가지가 많이 나오지 않는다. 새순은 초록빛이며, 크기가 굵고 가시가 없어 부드럽다. 잎은 작고 길쭉한 타원형으로, 앞면은 초록색, 뒷면은 회색이다. 잎 가장자리에는 큰 톱니가 있다. 꽃은 8~9월에 가지 끝에서 나온 꽃대 끝에 하얀 꽃이 자잘하게 달린다. 열매는 10월에 둥글고 검게 여문다. 씨앗보다는 뿌리로 번식이 잘 된다.

🔊 주의사항

새순을 채취할 때는 반드시 손으로 나뭇가지를 젖히고 따야 한다. 간혹 새순을 잘라 땅에 묻어 키우려고 전정가위를 사용하는 사람이 있는데, 두릅나무에 쇠붙이가 닿으면 다음해에 죽으므로 자연을 사랑하는 사람이라면 절대 피해야 할 행동이다.

오른쪽 페이지 | 전체 모습

꽃 | 열매(작은 사진)

■■효능

한방에서는 새순을 목두채(木頭菜), 뿌리껍질을 근피(根皮), 줄기
껍질을 총목피(楤木皮)라고 한다. 양기를 북돋우고, 피를 활성화시
키며, 풍을 없애고, 신경을 안정시키며, 통증과 염증을 없애고, 소
변이 잘 나오게 한다. 위염·간염, 당뇨, 관절이 쑤시고 아플 때, 양
기가 부족하여 몸이 허할 때 약으로 처방한다. 비타민 C, 단백질,
칼슘, 철분, 사포닌 등이 풍부하다.

민간에서는 위장병, 신장
병, 간 기능 이상, 고혈압, 뼈
마디가 쑤시고 아플 때, 당뇨,
자양강장제로 사용한다.

뿌리

순
채취한 순

개두릅나무

■ 두릅나무과 잎지는 작은키나무 ■ 분포지 : 전국 야산
🌸 개화기 : 8~9월 💧 결실기 : 10월
🌱 채취기 : 봄(어린순), 늦여름~초가을(뿌리껍질), 수시로(줄기)

:: 별 명 : 목두채(木頭菜), 근피(根皮), 총목피(楤木皮)
:: 유 래 : 두릅나무와 비슷하지만 새순에 가시가 돋혀 있다. 두릅맛이
        참두릅나무보다 못하다 하여 붙여진 이름이다.

■■■ 생태

 높이 3~4m. 뿌리가 굵은 참두릅나무와는 달리 잔뿌리가 많으
며 옆으로 번져 나간다. 몸체에는 가시가 많으며, 가지는 많이 벌어
지지 않는다. 새순은 참두릅나무와는 달리 붉은색이고, 조금 뻣뻣
한 잔가시가 많다. 꽃은 8~9월에 하얗게 핀다. 열매는 10월에 둥글
고 검게 여문다. 줄기는 꽃이 피기 전에 채취하여 가시를 떼고 햇빛
에 말려 사용한다.

뿌리

새순과 가시

■■■효능

한방에서는 새순을 목두채(木頭菜), 뿌리껍질을 근피(根皮),
줄기껍질을 총목피(楤木皮)라고 한다. 참두릅나무 대용으로
처방한다.

민간에서는 위염이나 위궤양, 신장 이상, 간질환, 고혈압,
신경통에 사용한다.

약 식 참두릅나무 유사종

독활 *Aralia contientalis*

■ 두릅나무과 여러해살이풀　　■ 분포지 : 전국 산지
🌼 개화기 : 7~8월　　🌙 결실기 : 10월
🌱 채취기 : 봄(어린순), 가을~봄(뿌리)

::별　　명 : 땅두릅, 땃두릅, 풀두릅, 땅두릅나무, 토당귀(土當歸), 대활
　　　　　　(大活), 인가목(人伽木), 주마근(走馬根), 뫼두릅, 멧두릅, 강
　　　　　　청, 호강사자, 구안독활, 독골(獨骨)
::생약명 : 독활(獨活)
::유　　래 : 줄기가 곧게 자라고 바람에 잘 흔들리지 않는다 하여 '독활
　　　　　　(獨活)'이라고 한다. 새순을 먹을 수 있어 땅에서 나는 두릅
　　　　　　이라 하여 '땅두릅'이라고도 한다.

■■생태

　높이 2m. 농가에서 많이 재배한다. 뿌리는 굵다. 줄기는 곧게 서
고 속이 비어 있으며, 몸 전체에 털이 많고 독특한 향이 난다. 어린
순에도 잔털이 많다. 어린잎은 달걀모양 또는 긴 타원형으로 끝이
뾰족하다. 잎 가장자리에는 톱니가 있다. 꽃은 7~8월에 연노란빛
이 나는 초록색으로 피는데, 마치 폭죽이 터진 듯이 둥글고 활짝 펼
쳐진다. 열매는 10월에 여문다.

잎 | 꽃
　　　꽃봉오리

어린순

■■■효능

한방에서는 뿌리를 독활(獨活)이라고 한다. 풍을 없애고, 피의 양을 고르게 하며, 땀과 소변이 잘 나오게 하고, 통증과 염증을 없애며, 한기를 흩어준다. 감기, 두통, 관절염에 약으로 처방한다.

민간에서는 감기 몸살, 두통이 잘 낫지 않을 때, 피부에 경련이 일어날 때, 팔다리가 쑤시고 아플 때 사용한다.

박쥐나무 *Alangium platanifolium var. macrophylum*

■ 박쥐나무과 잎지는 작은키나무   ■ 분포지 : 전국 산 속 자갈밭
🌺 개화기 : 5~7월   🌰 결실기 : 9월
✂ 채취기 : 봄(어린잎), 수시로(뿌리)

::별 명 : 남방잎
::생약명 : 팔각풍근(八角楓根)
::유 래 : 박쥐를 닮은 나무라 하여 붙여진 이름이며, 경상도에서는
         셔츠의 깃과 비슷하다 하여 '남방잎' 이라고도 한다.

■■ 생태

높이 3m. 줄기는 검붉으며, 껍질이 잘 벗겨진다. 잎은 손바닥처
럼 넓적하고, 끝이 3~4개로 갈라지며, 앞뒤에 잔털이 있다. 꽃은 5
~7월에 하얗게 피는데, 모양이 길쭉하여 주렁주렁 달린 것처럼 보
인다. 열매는 9월에 하늘색으로 여문다.

■■ 효능

한방에서는 뿌리를 팔각풍근(八角楓根)이라고 한다. 중풍을 예방
하고, 어혈을 풀어주며, 통증을 없앤다. 중풍 때문에 생긴 몸의 마
비, 요통 등에 약으로 처방한다.

민간에서는 신경통이나 관절염에 사용한다.

꽃
잎

2

줄기를 이용하는
산 속 식물

쑥 *Artemisia princeps var. orientalis*

- 국화과 여러해살이풀 ■ 분포지 : 전국 산과 들
- ✿ 개화기 : 7~9월 🌾 결실기 : 9~10월, 10~11월
- 🔪 채취기 : 봄(어린잎), 봄~여름(줄기·잎)

:: 별　명 : 약쑥, 사재발쑥, 모기태쑥, 애(艾), 빈(繁), 호(蒿), 봉(蓬), 래(來), 봉호(蓬蒿), 애초(艾草), 애호(艾蒿), 애자(艾子), 약애(藥艾), 애연(艾連), 백호(白蒿), 봉애(蓬艾), 산호(山蒿), 약초쑥, 의초, 생애엽(生艾葉)
:: 생약명 : 애엽(艾葉), 황초(黃草)
:: 유　래 : 어디에서든 쑥쑥 잘 자란다고 하여 붙여진 이름이다. 뛰어난 약효 때문에 '의초'라고도 한다.

■■ 생태

높이 1m. 땅속줄기가 옆으로 뻗어나가고, 맨 윗부분에서 새순이 땅 위로 솟는다. 일단, 새순이 돋아나면 모체에서 독립하여 1년 후부터 포기벌기를 시작한다. 잎은 어긋나고, 잎 전체에 회색빛이 나는 하얀 고운 잔털이 빽빽하게 붙어 있다. 잎 가장자리에는 작은 톱니가 있다. 꽃은 7~9월에 노란빛이 나는 하얀 꽃이 피는데, 땅쪽으로 고개를 숙인다. 가을에 꽃가루가 바람에 날려 번식한다.

＊유사종 _ 인진쑥, 모기쑥, 제비쑥, 참쑥, 산쑥, 물쑥, 그늘쑥, 사철쑥, 비쑥

전체 모습 | 꽃

뿌리 | 말린 잎

■■■효능

한방에서는 잎을 애엽(艾葉)이라고 한다. 경락이 따뜻해지고, 피를 맑게 하며, 위와 장이 튼튼해지고, 염증과 피를 멈추고, 소변이 잘 나오게 한다. 여성의 몸이 차고 생리불순일 때, 배가 차고 아플 때, 설사나 하혈, 만성간염이나 기관지염, 입맛이 없을 때, 신경통, 저혈압, 장이나 간 손상에 약으로 처방한다. 비타민 A · C, 칼슘, 미네랄이 풍부하다.

민간에서는 심한 생리통, 심한 하혈, 아랫배가 차가울 때, 몸이 허할 때, 고혈압, 배탈로 인한 설사나 구토, 목감기, 심한 편두통, 저혈압, 동맥경화나 중풍, 몸이 허약할 때, 코피가 나거나 벤 상처에서 피가 날 때, 가렵고 거친 피부, 치질 출혈, 신경통, 벌레에 물려 가렵고 아플 때 사용한다.

◀ 주의사항

모든 쑥 종류는 봄철에는 독이 없지만 여름에는 독이 생긴다. 또한, 쑥을 너무 오래 먹으면 눈이 침침해질 수 있으므로 주의한다.

034 약 쑥 유사종

인진쑥 *Artemisia capillaris*

- 국화과 여러해살이풀
- 분포지 : 전국 야산, 들판
- 개화기 : 8~9월
- 결실기 : 9~10월
- 채취기 : 봄~초여름(줄기 · 잎)

::별　명 : 사철쑥, 더위지기, 다북쑥, 비쑥, 애탕쑥, 인진초(茵蔯草), 야호(野蒿)
::생약명 : 인진호(茵蔯蒿)
::유　래 : 더위를 막아주는(茵) 사철쑥(蔯)이라 하여 '인진쑥' 이라 부른다.

■■ **생태**

　높이 1~1.5m. 쑥처럼 생겼으나 잎이 쑥잎에 비해 가늘고 뻣뻣하며, 맛도 매우 쓰다. 다른 쑥 종류는 겨울에 잎이나 줄기가 모두 말라 죽는 한해살이풀이지만, 인진쑥은 겨울에 줄기는 그대로 있고 잎만 말라 떨어지며, 이듬해에 줄기에서 새싹이 다시 돋아난다. 줄기 밑부분은 나무처럼 딱딱하다. 잎은 깃털모양으로 1회 갈라지고, 잎조각이 매우 가늘다. 꽃은 8~9월에 줄기와 가지 끝에 자잘하게 모여 핀다. 열매는 9~10월에 여문다.

뿌리

■■■**효능**

쑥과는 달리 성질이 차고 맛도 쓴 인진쑥은 한방에서 잎을 인진
호(茵蔯蒿)라고 한다. 비장ㆍ위ㆍ방광ㆍ담에 이롭고, 간에 쌓인 독
을 깨끗이 풀어주며, 혈압을 낮추고, 열을 내리며, 균을 죽이고, 소
변을 잘 나오게 한다. 〈동의보감〉에서는 "열이 몰려 황달로 전신이
노랗고 오줌이 잘 나오지 않을 때, 돌림병으로 몹시 열이 나면서 발
광할 때, 머리 아픈 것을 낫게 한다"고 하였다. 황달, 급만성 간염,
위염에 약으로 처방한다.

민간에서는 위염, 신장염, 황달, 체했을 때, 심한 변비, 장염, 만성
간질환, 천식, 심한 주근깨, 허리통증, 관절통, 여성 질환, 피부가
가렵고 종기가 났을 때, 입 안이 헐 때 사용한다.

🔊 **주의사항**

인진쑥은 쑥과는 달리 매우 쓰고 매워서 나물로 먹지 않는다.

미역취 *Solidago virga-gurea var. asiatica*

- 국화과 여러해살이풀
- 분포지 : 전국 산지 양지
- 개화기 : 7~10월
- 결실기 : 10월
- 채취기 : 봄(어린잎), 여름~가을(꽃)

::별　명 : 돼지나물
::생약명 : 일지황화(一枝黃花)
::유　래 : 가늘고 길쭉한 잎모양이 미역처럼 생겼다고 해서 붙여진 이름이다.

■■ 생태

높이 약 1m. 줄기는 둥글고 잔털이 있다. 자랄수록 줄기가 많이 번창하는데 곁가지는 나지 않는다. 잎은 좁고 긴 타원형이며, 줄기 위쪽으로 갈수록 점차 작아져 잎자루가 없어진다. 꽃은 7~10월에 노란 작은 꽃이 핀다. 열매는 10월에 여문다.

＊유사종 _ 울릉도미역취, 미국미역취

■■ 효능

한방에서는 꽃 핀 것을 줄기째 말린 것을 일지황화(一枝黃花)라고 한다. 염증을 가라앉히며, 눈을 보호한다. 신장병으로 복수가 찼을 때, 방광염, 편도선염, 황달에 약으로 처방한다. 비타민 A와 미네랄이 들어 있어 겨울 건강식으로 좋다.

민간에서는 감기가 심하여 목과 머리가 아플 때, 소변 이상, 타박상, 피부염 등에 사용한다.

전체 모습
꽃 | 채취한 어린잎

돌미나리 *Ostericum sieboldi*

- 미나리과 여러해살이풀
- 분포지 : 전국 냇가
- 개화기 : 6월
- 결실기 : 8~9월
- 채취기 : 봄(잎·줄기·식용), 여름~가을(줄기·뿌리·약용)

::별　명 : 들미나리, 밭미나리
::생약명 : 수근(水芹), 근화(芹花)
::유　래 : 누가 심지 않아도 돌밭(야생)에 저절로 나는 미나리라 하여 붙
　　　　여진 이름이다.

■■ 생태

　높이 30~60cm. 줄기는 곧게 서고 속이 텅 비어 있으며 1~2개의
곁가지를 치면서 자란다. 미나리와는 달리 어릴 때 순이 강하며 윗
부분이 붉은색이다. 잎은 삼각형 또는 계란형이고, 가장자리에 톱
니가 있다. 잎자루가 길며 위로 올라갈수록 짧아진다. 꽃은 6월에
작은 꽃이 하얗게 핀다. 열매는 타원형으로 익으며, 물을 따라 흘러
가면서 번식한다.

잎 | 뿌리

■■효능

한방에서는 줄기를 수근(水芹), 꽃을 근화(芹花)라고 한다. 열을 내리고, 독을 없애며, 피를 맑게 하고, 소변을 잘 나오게 하여 부기를 내리며, 장을 튼튼히 하고, 가래를 삭힌다. 〈동의보감〉에서도 "미나리는 음식물의 대장·소장 통과를 좋게 하고, 황달과 부인병, 음주 후의 두통이나 구토에 효과적이다"고 하였다. 만성 간염으로 황달이 있을 때, 자궁 출혈, 관절염, 신경 쇠약, 열나고 갈증날 때 약으로 처방한다. 비타민, 미네랄, 철분이 풍부하다.

민간에서는 식욕 감퇴, 발열, 고혈압, 술독을 풀 때, 냉증, 변비, 감기, 폐렴, 구토, 설사, 비만, 신경통으로 뼈마디가 쑤시고 아플 때, 황달로 얼굴이 누렇게 떴을 때, 빈혈로 어지러울 때, 동상, 땀띠 등에 사용한다.

105

037

약 식 돌미나리 유사종

미나리 *Oenanthe javanica*

- 국화과 여러해살이풀
- 분포지 : 전국
- 개화기 : 7~9월
- 결실기 : 9~10월
- 채취기 : 봄(잎 · 줄기 · 식용), 여름~가을(줄기 · 뿌리 · 약용)

::별　명 : 메나리, 논미나리, 수영, 개미나리, 근(芹), 근채(芹菜), 수근
　　　　　 채(水芹菜)
::생약명 : 수근(水芹)
::유　래 : 원래는 '물에 나는 나리' 라는 뜻으로 '물나리' 라고 불리다
　　　　　 가 '메나리' 또는 '미나리' 로 불려졌다.

■■■ 생태

높이 20~50cm. 농가에서 많이 재배한다. 줄기가 매끄럽고 길며 마디가 있다. 색깔은 돌미나리와는 달리 전체가 푸르다. 잎은 어긋나고, 잎 가장자리에 작은 톱니가 있다. 꽃은 7~9월에 하얀 꽃 여러 송이가 모여 달린다. 열매는 작은 타원형으로 맺힌다. 가을에 가는 줄기마디에서 뿌리가 내려 번식한다.

미나리는 9월 물댄 논에 파종한다. 먼저 퇴비를 많이 넣고 경운 기로 흙을 쳐서 말랑말랑하게 갈아 엎은 다음, 미나리 씨를 고르게 흩뿌린다. 약 2일이 지난 후 물을 빼놓아 뿌리를 내리게 한다. 미나리에는 마디가 있는데, 마디마디에서 땅 아래로는 뿌리가 나고 땅 위로는 순이 나와 자란다. 뿌리가 자라면 봄까지 논에 물을 대는데, 뿌리가 옆으로 뻗으면서 봄에 미나리가 많이 올라온다.

꽃 | 채취한 모습

■■효능

한방에서는 줄기를 수근(水芹)이라고 한다. 돌미나리와 같이 처
방한다.

민간에서는 폐렴, 발열, 더위를 먹었을 때, 소변이 잘 안 나올 때
사용한다.

038

약 식 돌미나리 유사종

참나물 *Pimpinella brachycarpa*

- 미나리과 여러해살이풀　　■ 분포지 : 전국 산 속 계곡, 숲
- 개화기 : 6~7월　　■ 결실기 : 9월
- 채취기 : 봄(어린잎), 여름(줄기 · 잎)

:: 별　　명 : 산미나리, 가회근, 대엽초
:: 생약명 : 야근채(野芹菜)
:: 유　　래 : 진짜 맛있는 나물이라고 해서 붙여진 이름이다.

■■ **생태**

　높이 40~60cm. 줄기와 잎에서 미나리처럼 독특한 향이 난다. 줄기는 1줄기에서 2~3개의 줄기로 갈라져 자라는데, 어릴 때는 옆으로 구부러지지만 자랄수록 원줄기는 반듯해지고 곁가지는 처진다. 잎은 끝이 뾰족한 타원형이고, 잎 가장자리에 톱니가 있으며, 나비처럼 2장이 마주난다. 꽃은 6~7월에 자잘한 흰 꽃이 여러 송이 모여 달린다. 열매는 9월에 여문다.

전체 모습

잎
꽃 | 뿌리

■■■효능

　한방에서는 줄기를 야근채(野芹菜)라고 한다. 혈액 순환을 돕고, 몸 속의 독을 없애고, 염증을 가라앉히며, 눈을 밝게 하고, 뇌의 활동을 활성화시키며, 기침을 멎게 한다. 간염, 고혈압, 중풍기, 신경통으로 아플 때 약으로 처방한다. 비타민 A, 미네랄, 칼슘, 철분 등이 풍부하다.

　민간에서는 간염, 고혈압, 뼈가 쑤실 때, 혈액 순환이 잘 안 될 때, 눈이 침침할 때, 불면증, 종기 등에 사용한다.

단풍취 *Ainsliaea acerifolia*

■ 국화과 여러해살이풀　　■ 분포지 : 전국 깊은 산 속 그늘

🌼 개화기 : 7~9월　🝆 결실기 : 10~11월

🌿 채취기 : 봄(어린잎), 여름(줄기 · 잎)

::별　명 : 괴발딱취, 개발딱주(전남 화순)
::유　래 : 잎이 단풍잎을 닮았다고 해서 붙여진 이름이다.

■■ 생태

　높이 80cm. 뿌리는 가늘고 여러 갈래가 옆으로 뻗는다. 줄기는 곧게 자라며 갈색빛이 돈다. 잎은 줄기에 돌려나는데, 손바닥모양으로 펼쳐지고 앞뒷면에 잔털이 있다. 잎 가장자리는 불규칙하게 갈라지며 톱니가 있다. 꽃은 7~9월에 기다란 꽃대가 올라와 연보랏빛의 작은 꽃들이 층층이 달린다. 열매는 10~11월에 넓적한 타원형으로 여문다.

■■ 효능

　민간에서는 입맛이 없거나 숙취를 해소할 때 사용한다.

잎

꽃
뿌리 | 어린순

병풍취 *Cacalia pseudo-taimingasa*

- ■ 국화과 여러해살이풀
- ■ 분포지 : 경기 북부, 강원도 고산지대
- 🌸 개화기 : 7~9월
- 🎵 결실기 : 10월
- 🌿 봄(어린잎), 여름(줄기 · 잎)

::별　명 : 어리병풍
::유　래 : 잎이 펼쳐진 모습이 병풍처럼 보이는 쌈이라 하여 붙여진
　　　　　이름이며, '어리병풍' 이라고도 부른다.

■■ 생태

높이 50~100cm. 뿌리는 가늘고 여러 갈래로 갈라진다. 줄기는 곧게 올라오며 붉은 가는 줄이 세로로 있다. 잎은 한 줄기에 1장씩 줄기를 감싸듯이 난다. 잎 가장자리는 여러 갈래로 갈라지고 들쑥날쑥한 톱니가 있다. 꽃은 7~9월에 노란빛을 띤 하얀 작은 꽃 여러 송이가 한데 모여 달린다. 열매는 10월에 하얗게 여문다.

*유사종 _ 병풍초

■■ 효능

비타민 A · B가 풍부하다.

민간에서는 피로하고 피부가 까칠해졌을 때 사용한다.

잎
꽃 | 뿌리

왕머루 *Vitis amurensis*

- 포도과 잎지는 덩굴나무
- 분포지 : 전국 깊은 산
- 개화기 : 6월
- 결실기 : 9월
- 채취기 : 여름(덩굴), 가을(열매)

::별   명 : 산포도(山葡萄), 머루, 조선산포도, 야포도, 멀위, 머루, 머래순, 먹구
::생약명 : 산포도
::유   래 : 머루 종류 중에서 열매알이 크다고 하여 붙여진 이름이며, 산에 나는 포도라 하여 '산포도'라고도 한다.

■■생태

길이 10m. 덩굴손이 있어 이웃나무를 휘감으며 무성하게 자란다. 어린 가지는 푸르며, 줄기에 붉은빛이 돈다. 잎은 둥글고, 앞뒷면이 매끄럽다. 잎 가장자리에는 커다란 톱니가 있다. 꽃은 6월에 노란빛을 띤 작은 초록꽃이 기다란 꽃대에 벼이삭처럼 모여서 달린다. 열매는 9월에 검은빛을 띤 자주색으로 여문다.

＊유사종 _ 개머루, 까마귀머루

꽃 | 열매

줄기
잎 앞뒤

■■■**효능**

한방에서는 열매를 산포도(山葡萄)라고 한다. 피를 맑게 하고, 열
을 내리며, 염증과 독을 없앤다. 간염, 복수, 신장이나 방광의 이상,
관절염에 약으로 처방한다. 유기산과 비타민이 풍부하다.

민간에서는 당뇨, 몸이 부었을 때, 산후 부기를 뺄 때, 빈혈로 어
지럽거나 양기가 떨어졌을 때 사용한다.

개머루 *Ampelopsis brevipedunculata var. heterophylla*

- ■ 포도과 잎지는 덩굴나무 ■ 분포지 : 전국 산골짜기
- ❀ 개화기 : 6~7월 🌰 결실기 : 9월
- 🔥 채취기 : 여름(덩굴), 가을(열매)

- ::별　명 : 돌머루
- ::생약명 : 산머루
- ::유　래 : 신맛이 아주 강하고 딱딱해서 못 먹는 머루라 하여 '개머루' 라 하고, '돌머루' 라고도 한다.

■■ 생태

길이 3~4m. 덩굴손이 있어 이웃나무를 감아 올라가거나 땅 위를 기어서 자란다. 줄기는 붉은빛이 도는 초록색이고, 마디가 굵다. 잎은 길쭉하며, 왕머루 잎과는 다르게 뒷면에 잔털이 있다. 꽃은 6~7월에 크기가 자잘한 초록꽃이 여러 송이 모여서 달린다. 열매는 9월에 여무는데 알이 드문드문 달린다. 처음에는 푸르다가 다 익으면 검푸른 빛이 돈다.

전체 모습

열매
꽃

■■ 효능

한방에서는 열매를 산머루라고 한다. 왕머루와 같이 처방한다.

민간에서는 간 이상, 피가 탁해졌을 때, 신장이나 방광의 이상으로 소변이 탁하거나 붉게 나올 때 사용한다.

043 약식

헛개나무 *Hovenia dulcis*

- 갈매나무과 잎지는 큰키나무
- 분포지 : 강원도, 황해도 이남 깊은 산 계곡가
- 🌸 개화기 : 5월 🌱 결실기 : 9~10월
- ✂ 채취기 : 봄(수액 · 어린잎 · 줄기껍질), 여름(잎), 가을(열매 · 뿌리)

- :: 별　명 : 호깨나무, 허리깨나무, 백석목(百石木), 목밀(木蜜), 현포리
  (玄圃梨), 목산호, 지구자나무
- :: 생약명 : 지구(枳俱), 지구자(枳俱子), 지구엽(枳俱葉), 지구목피(枳俱木皮)
- :: 유　래 : 술을 썩히는 성질이 있어 이 나무가 있는 집에서 술을 담그
  면 헛것이 된다고 하여 붙여진 이름이다.

■■ 생태

　높이 10~17m. 멀리서 보면 줄기껍질이 검은 자주색이지만, 가까이 가서 보면 나무껍질이 깊게 갈라져 있어 속살은 검고, 중간 속살은 노랗다. 곁가지는 매끄럽고 부드럽다. 나뭇가지가 연하여 태풍이 불면 잘 부러지며, 꺾으면 소오줌 냄새가 난다. 잎은 길쭉하거나 둥글며 깻잎처럼 생겼다. 잎 가장자리에는 둔한 톱니가 있다. 꽃은 5월에 노란빛이 나는 초록꽃이 핀다. 열매는 9~10월에 여무는데, 닭발처럼 생긴 열매 안에 납작한 종자가 2~3개 들어 있다. 씨앗을 파종하면 새싹이 돋아나 1년에 약 1m씩 잘 자란다.

줄기 | 잎

채취한 잎 | 열매
채취한 줄기껍질

🔊 **주의사항**

헛개나무에는 독성이 있으므로 신장·심장·호흡기 질환을 앓는 사람들은 먹지 말아야 한다. 보통 건강한 사람도 약으로 달여 마실 경우에 피부 반점이 생기며, 눈꺼풀이 침침해지고, 가려움증이 생기며, 가슴이 답답해질 수 있다. 특히, 나무껍질의 노란 부분은 독성이 있으므로 복용해서는 안 된다.

잎

■■■효능

한방에서는 뿌리를 지구근(枳俱根), 줄기껍질을 지구목피(枳俱木皮), 잎을 지구엽(枳俱葉), 열매를 지구자(枳俱子)라고 한다. 간의 독을 풀고, 심장과 비장을 보하며, 장기능을 활성화시켜 대소변이 잘 나오게 하고, 갈증을 없앤다. 〈본초강목〉에는 "헛개나무가 술을 썩히는 작용을 한다"고 나왔는데, 옛말에도 "헛개나무 밑에서 술을 담그면 술이 물처럼 되어 버린다"는 말이 있다. 간질환, 관절염, 치질, 구토, 팔다리가 저리고 감각이 둔할 때, 혈액 순환이 안 될 때 약으로 처방한다.

민간에서는 간이 안 좋거나 술독을 풀 때, 얼굴이 누렇게 떴을 때, 열이 나고 가슴이 답답할 때, 소화가 안 되고 구토를 할 때, 대소변 이상, 관절이 쑤시고 아플 때, 인내가 날 때 사용한다.

오갈피나무 *Acanthopanax sessil-iflorus*

■ 두릅나무과 잎지는 작은키나무 ■ 분포지 : 전국 산골짜기
🌸 개화기 : 8~9월 🌰 결실기 : 10월
🔪 채취기 : 봄(어린잎), 여름(잎), 가을(열매), 수시로(뿌리껍질)

:: 별 　명 : 오갈피, 아관목, 문장초(文章草)
:: 생약명 : 오가피(五加皮), 오가엽(五加葉)
:: 유 　래 : 잎이 5장으로 갈라진 나무라 하여 붙여진 이름이다. 한방에
　　　　　 서는 잎이 5(五)장이고 거기에 더하여(加) 껍질(皮)을 약으로
　　　　　 쓴다고 해서 '오가피' 라고 부른다.

■■ 생태

높이 2~3m. 줄기껍질이 백색에서 회색빛이 나는 갈색이며, 몸
체에 가늘고 긴 가시가 있다. 잎은 어긋나고 사람의 손가락처럼 5
장씩 갈라져 있다. 특히, 숲 속에서 자라는 오갈피는 유달리 새순이
빨리 나오고 군락을 지어 자란다. 자연산과 재배용은 잎모양이 다
른데, 자연산은 잎이 작은 반면 재배용은 넓다. 꽃은 7월에 노란빛
이 나는 초록꽃이 피는데, 새 가지 끝에 여러 송이가 한데 뭉쳐서
달린다. 열매는 10월에 작고 둥글며 검은색으로 여문다.

같은 오갈피나무라도 손을 대지 않은 나무는 자라는 속도가 빠
르며, 가시도 적게 돋는다. 해마다 여러 번 가지를 벤 나무는 스트
레스를 받아 자라는 속도가 느리고, 가시도 많이 돋는다. 가지를 많
이 베면 다음해에 뿌리쪽에 새
순이 많이 올라온다.

*유사종 _ 섬오갈피, 서울오갈피,
　　　　 가시오갈피

어린순

■■■ 효능

한방에서는 줄기와 뿌리껍질을 오가피(五加皮), 잎을 오가엽(五加葉)이라고 한다. 근육과 골격이 튼튼해지고, 피 속의 콜레스테롤 수치를 줄이며, 신장과 간을 보호하고, 어혈을 풀며, 통증을 없앤다. 〈동의보감〉에서는 "오갈피를 오래 복용하면 몸을 가볍게 하고 늙음을 견디게 하고 수명을 더하게 한다"고 하였다. 관절염, 신경통, 요통, 양기를 북돋우고 근력을 키울 때 약으로 처방한다. 비타민 A · B, 무기질, 철분이 풍부하다.

민간에서는 관절이 쑤시고 아플 때, 혈액 순환이 안 되어 팔다리가 저리고 손발이 찰 때, 다리에 힘이 없고 허리가 아플 때, 쉽게 피로하고 온몸이 무기력할 때, 노화 방지, 강장제, 어깨 결림, 타박상 등에 사용한다.

열매 | 꽃

가시오갈피 *Acanthopanax senticosus*

- 두릅나무과 잎지는 작은키나무
- 분포지 : 지리산 이북, 추풍령, 경기 및 강원도 이북
- 개화기 : 7월 결실기 : 10월
- 채취기 : 봄(어린잎), 여름(잎), 가을(열매), 수시로(뿌리껍질)

::별　명 : 가시오가피
::생약명 : 자오가(刺五加)
::유　래 : 가시가 달린 오갈피나무라 하여 붙여진 이름이다.

■■ 생태

높이 2~3m. 남쪽지방에서는 잘 자라지 않는다. 털복숭이처럼 몸체에 가늘고 긴 솜털 같은 가시가 있다. 잎은 둥근 타원형으로 5장씩 붙어 난다. 꽃은 7월에 노란빛이 나는 초록꽃이 새 가지 끝에 여러 개가 모여 뭉쳐서 달린다. 열매는 10월에 자잘한 공처럼 둥근 열매가 검게 여문다.

■■ 효능

한방에서는 줄기와 뿌리껍질을 자오가(刺五加)라고 한다. 기운을 보하고, 피로를 풀며, 혈당을 낮추고, 면역력을 높인다. 폐결핵, 기침, 인후통, 관절염, 양기가 떨어졌을 때, 갱년기 장애에 약으로 처방한다.

민간에서는 술독을 풀 때, 눈의 피로, 추위를 탈 때, 고혈압, 기운이 없고 피로할 때, 입맛이 없을 때, 땀이 비 오듯 할 때, 당뇨 등에 사용한다.

어린순

벌나무

Acer tegmentosum Maxim.

■ 단풍나무과 잎지는 큰키나무　　■ 분포지 : 태백산 등 높은 산 계곡가
✿ 개화기 : 6~8월　　⏳ 결실기 : 9~10월
🔪 채취기 : 봄(줄기껍질), 잎(여름), 가을(열매)

::별　　명 : 산청목(山靑木)
::생약명 : 봉목(蜂木)
::유　　래 : 벌이 꽃에서 꿀을 따기 위해 많이 모여든다 하여 붙여진 이름
　　　　　이다. 푸른 기운이 서린 나무라 하여 '산청목'이라고도 한다.

■■ 생태

　높이 15m. 우리나라 태백산에 서식하는데 지금은 희귀한 나무
이다. 줄기껍질이 짙푸른 초록색이며 세로로 줄무늬가 있다. 어린
줄기는 매우 연하고 결이 부드럽다. 가지를 꺾어 냄새를 맡아보면
생선 비린내가 난다. 잎은 오동나무 잎처럼 넓고 크다. 꽃은 6~8월
에 연노란 꽃이 핀다. 열매는 9~10월에 여문다.

■■ 효능

　한방에서는 줄기 · 잎 · 뿌리를 봉목(蜂木)이라고 한다. 피가 맑아
지고, 간을 해독하며, 소변을 잘 나오게 한다. 간질환, 황달, 고혈압,
콩팥 기능이 떨어졌을 때 약으로 처방한다.
　민간에서는 고혈압, 간 이상, 술독을 풀 때 사용한다.

잎 | 줄기

047 약

개오동나무 *Catalpa ovata*

- ■ 능소화과 잎지는 큰키나무
- ■ 분포지 : 전국 깊은 산 자갈밭
- ❀ 개화기 : 6월
- 🌙 결실기 : 10월
- ✄ 채취기 : 봄(줄기껍질), 초가을(풋열매), 가을~겨울(뿌리)

::별　명 : 재백피(梓白皮), 자실(梓實)
::유　래 : 잎모양이 오동나무의 잎과 비슷하다 하여 붙여진 이름이다.

■■ 생태

　높이 10m. 줄기껍질이 백색 또는 회색빛이 나는 갈색이다. 잎은 아주 크고 둥글며, 한 장에서 3갈래로 갈라진다. 잎자루에는 붉은 띠가 있다. 꽃은 6월에 노란빛이 나는 하얀 꽃송이들이 여러 송이 뭉쳐서 달린다. 열매는 10월에 길이가 1자 정도가 될 만큼 길고 가늘게 여문다. 씨앗 양면에는 긴 솜털이 있어 바람에 날려 번식한다.

🔊 주의사항

　나무에 약한 독성이 있어 알레르기가 생길 수 있으므로 혈액형 O형, 소양인은 먹지 않는 것이 좋다.

열매

꽃

■■효능

한방에서는 줄기 속껍질을 자백피(梓白皮), 열매를 자실(梓實)이라고 한다. 신장 기능을 활성화시켜 소변을 잘 나오게 하고, 통증과염증을 없앤다. 신장염, 방광염, 소변이 잘 안 나올 때, 신경통, 황달, 종기가 났을 때 약으로 처방한다.

민간에서는 신장이나 방광의 이상, 뼈마디가 쑤시고 아플 때, 간염, 담낭염, 대장염, 얼굴이 누렇게 떴을 때, 소변을 보기 힘들 때, 몸이 부었을 때, 고혈압, 종기가 나서 곪았을 때, 피부가 매우 가려울 때, 무좀 등에 사용한다.

엄나무 *Kalopanax pictus*

- 두릅나무과 잎지는 큰키나무 ■ 분포지 : 전국 산지
- 🌸 개화기 : 7~8월 🌰 결실기 : 10월
- 📷 채취기 : 봄(어린잎·줄기껍질), 늦여름~초가을(뿌리껍질), 수시로(줄기)

:: 별　명 : 응개나무, 음나무
:: 생약명 : 해동피(海桐皮), 해동수근(海桐樹根), 해동목(海桐木), 자동,
　　　　　 자추목(刺秋木)
:: 유　래 : 아이가 이 나무로 만든 노리개(음)를 차고 있으면 병마가 들
　　　　　 어오지 못한다 하여 '음나무' 또는 '엄나무' 라고 부른다. 경
　　　　　 상도에서는 '응개나무' 라고도 한다.

■■■ **생태**

　높이 25~30m. 참응개나무, 개응개나무 등 2종류가 있다. 참응개나무는 야생으로 추운 지방에서 큰 바위가 있는 주변에 1~2그루씩 서식하고, 몸체에 가시가 없다. 개응개나무는 더운 지방에서 밭둑이나 인가에 서식하고, 가시가 많으며, 껍질에 거친 주름이 있다.

　줄기껍질은 회색빛이 나는 갈색 또는 연한 붉은색이다. 잎은 크고, 손가락처럼 5~8갈래로 갈라진다. 꽃은 7~8월에 작은 연초록 꽃이 핀다. 열매는 10월에 검고 둥글게 여물고, 씨앗이 1~2개씩 들어 있다. 초봄에 뿌리를 약 10cm로 잘라서 다른 곳에 심으면 번식한다.

잎 | 채취한 순

순

■■■효능

한방에서는 줄기껍질을 해동피(海桐皮), 뿌리껍질을 해동수근(海桐樹根)이라고 한다. 풍을 없애고, 피를 활성화시키며, 열을 내리고, 벌레와 균을 죽이며, 고름을 빼고 새살을 돋게 한다. 중풍, 관절염, 팔다리가 쑤시고 아플 때, 가래, 치질, 얼굴이 붉게 달아오를 때, 염증이 생겼을 때 약으로 처방한다.

민간에서는 풍기, 당뇨, 양기를 북돋을 때, 몸이 피로할 때, 간질환, 코나 입 안의 염증, 종기가 곪았을 때, 타박상, 뼈마디가 쑤시고 아플 때, 기침과 가래가 낫지 않을 때 사용한다.

채취한 줄기껍질 | 줄기

마가목 *Sorbus commixta*

- 장미과 잎지는 작은큰키나무
- 분포지 : 남부지방, 강원도, 높은 산 계곡
- 🌸 개화기 : 5~6월 🎵 결실기 : 10월
- 🔪 채취기 : 봄(줄기껍질), 여름(가지), 가을(열매)

:: 별 명 : 마아목(馬牙木)
:: 생약명 : 정공피(丁公皮), 마가자(馬家子)
:: 유 래 : 원래는 새싹이 돋을 때 보면 말의 이빨처럼 힘차게 보인다
고 하여 '마아목(馬牙木)'이라고 하였지만, 세월이 흐르면서
'마가목'이라 불려졌다.

■■■ 생태

높이 6~8m. 줄기는 회색이며, 불규칙한 갈색 무늬가 있다. 잎줄기는 길며, 길쭉한 달걀모양의 작은 잎들이 촘촘히 마주난다. 잎 가장자리에는 잘고 깊은 톱니가 있다. 가을에는 노란빛을 띤 붉은색으로 단풍이 든다. 꽃은 5~6월에 하얀 작은 꽃이 여러 송이 뭉쳐서 하늘을 향해 달린다. 열매는 10월에 콩알만 한 열매들이 주렁주렁 맺히고, 처음에는 푸르다가 점점 노래지며 다 익으면 겨울까지 빨간색으로 달려 있다.

🔊 주의사항

마가목에는 철분이 들어 있어서 오래 복용하면 몸이 무거워지는 현상이 생길 수 있으므로 주의한다.

줄기 | 열매

■■**효능**

　한방에서는 줄기껍질을 정공피(丁公皮), 씨앗을 마가자(馬家子)라
고 한다. 몸이 튼튼해지고, 풍을 없애며, 기침·가래를 가라앉히고,
갈증을 없앤다. 몸이 허약할 때, 위염, 허리와 무릎이 쑤시고 아플
때, 심한 기침, 기관지염, 폐결핵이 있을 때 약으로 처방한다.

　민간에서는 기관지염이나 폐결핵으로 인한 심한 기침·가래, 소
변이 잘 안 나올 때, 위염, 몸이 허하고 기운이 없을 때, 허리가 쑤시
고 아플 때, 머리가 하얗게 쇠었을 때 사용한다.

느릅나무 *Ulmus davidana var. japonica*

- 느릅나무과 잎지는 큰키나무   ■ 분포지 : 전국 산기슭이나 골짜기
- 개화기 : 3~4월   결실기 : 5~6월
- 채취기 : 봄(어린잎 · 줄기껍질), 여름(잎), 가을(뿌리), 늦가을(열매)

::별 명 : 참느릅나무, 춘유(春楡), 가유(家楡)
::생약명 : 유피(楡皮), 유근피(楡根皮), 유엽(楡葉), 유엽전(楡葉錢), 유전(楡錢)
::유 래 : '느릅나무' 라는 이름은 씨앗으로 메주를 쑤어 된장을 만들 어먹을 수 있는 누룩 같은 나무라는 뜻이며, 느릅나무 종류 중에서도 가장 뛰어난 나무라 하여 '참느릅나무' 라고 부른 다. 열매는 엽전과 닮았다고 하여 '유전' 이라고 부른다.

■■ 생태

높이 10~15m. 개느릅나무와는 달리 나무껍질이 훨씬 두툼하다. 줄기껍질은 붉은 갈색이며, 나이가 들면 거무스름하게 변한다. 줄기 겉면에는 너덜너덜한 비늘조각이 있다. 잎은 타원형으로 좌우 크기가 다르며, 두께가 두껍고 윤기가 난다. 잎 가장자리에는 자잘한 톱니가 있다. 꽃은 3~4월에 노란빛을 띤 갈색으로 핀다. 열매는 5~6월에 연갈색으로 여문다. 모양이 납작하고 날개가 달려 있어 바람에 날려 번식한다.

*유사종 _ 둥근참느릅나무, 좀참느릅나무, 당느릅나무, 혹느릅나무, 떡느릅 나무. 당느릅나무, 혹느릅나무, 떡느릅나무는 3월에 잎보다 꽃이 먼저 피며, 열매는 4~5월에 여문다.

줄기

잎

■■■ **효능**

한방에서는 줄기껍질을 유피(楡皮), 뿌리껍질을 유근피(楡根皮),
잎을 유엽(楡葉), 열매를 유엽전(楡葉錢)이라고 한다. 장과 폐가 튼튼
해지고, 소변이 잘 나오며, 염증을 가라앉히고, 새살을 돋게 하며,
부패를 방지한다. 〈동의보감〉에도 "느릅나무는 대소변을 잘 통하
게 하고 장·위의 열을 없애 장염에 효과적이며, 부기를 가라앉히
고 불면증을 낫게 하며 위병에 잘 듣는다"고 하였다. 장염, 위염, 몸
이 부었을 때, 온갖 피부 질환에 약으로 처방한다.

민간에서는 위병이 잘 낫지
않고 소화가 안 될 때, 장염, 손
발이나 몸이 부었을 때, 마른기
침이 심할 때, 소변이 잘 안 나
올 때, 팔다리가 쑤시고 아플
때, 불면증, 여드름, 종기가 나
서 고름이 나올 때, 심한 치통,
비염 등에 사용한다.

줄기에 난 새순

약 식 느릅나무 유사종

혹느릅나무 *Ulmus darvidiana for. suberosa*

- 느릅나무과 잎지는 큰키나무 ■ 분포지 : 전국 산기슭, 골짜기
- 개화기 : 3~4월 결실기 : 5~6월
- 채취기 : 봄(어린잎 · 줄기껍질), 여름(잎), 가을(뿌리), 늦가을(열매)

:: 별 명 : 유피(楡皮), 유근피(楡根皮)
:: 유 래 : 참느릅나무와 비슷하지만 껍질에 울퉁불퉁한 혹이 달려 있다. 혹이 달린 느릅나무라 하여 붙여진 이름이다.

■■ 생태

높이 15m. 줄기껍질에 코르크 돌기가 발달하여 울퉁불퉁하고 거칠다. 잎은 긴 타원형으로 양끝이 좁으며, 잎 가장자리는 무딘 톱니 모양이다. 꽃은 3~4월에 노란빛을 띤 갈색으로 핀다. 열매는 5~6월에 연한 갈색으로 여문다. 참느릅나무와는 달리 몸 전체가 벗겨지지 않으며, 나무에 물이 오르더라도 껍질을 벗기면 툭툭 끊어진다.

단풍든 모습

줄기
꽃

■■■효능

한방이나 민간에서는 뿌리껍질을 유근피(楡根皮), 줄기껍질을 유
피(楡皮)라고 한다. 느릅나무와 같이 처방한다.

참옻나무 *Rhus verniciflua*

- ■ 옻나무과 잎지는 큰키나무　■ 분포지 : 전국 야산
- 🌸 개화기 : 4~5월　🐟 결실기 : 9~10월
- ✂ 채취기 : 봄(어린잎 · 진액 · 줄기껍질), 여름(잎), 가을(뿌리)

::별　　명 : 옻나무
::생약명 : 칠수근(漆樹根), 칠수피(漆樹皮), 칠엽(漆葉), 칠자(漆子), 건칠(乾漆)
::유　　래 : 진짜 옻나무다운 옻나무라고 해서 붙여진 이름이다.

■■ 생태

　높이 10~15m. 예전에는 흔했지만 지금은 찾아보기 힘들다. 줄기는 회색빛을 띤 갈색이고, 사선으로 얕게 갈라지며, 바탕에 검은 점이 있다. 잎은 매끈한 타원형으로 뒷면에 털이 많다. 가을에 선명한 붉은색으로 단풍이 든다. 꽃은 4~5월에 노랗게 핀다. 열매는 둥글고 납작하며 연노랑으로 한 줄기에 여러 개가 주렁주렁 달린다.

＊유사종 _ 개옻나무, 오배자나무(붉나무)

순

줄기
잎 | 꽃

■■■ 효능

한방에서는 뿌리를 칠수근(漆樹根), 줄기껍질을 칠수피(漆樹皮),
잎을 칠엽(漆葉), 열매를 칠자(漆子), 말린 것을 건칠(乾漆)이라고 한
다. 부러진 어혈과 염증을 풀어주고, 기를 잘 돌게 하며, 소화를 돕
고, 통증을 없애며, 뼈를 잘 붙게 하고, 기생충을 없앤다. 〈동의보감〉
에는 옻이 "소장을 잘 통하게 하고 기생충을 죽이며 피로를 다스린
다"고 하였다. 위장병, 몸이 찰 때, 골수염, 관절염, 생리가 멈추었
을 때, 기생충으로 배가 뭉치고 아플 때 약으로 처방한다.

민간에서는 위병이 잘 낫지 않을 때, 신장 결석, 방광 결석, 간질
환, 골수염, 관절염, 팔 · 다리가 부러졌을 때, 배앓이에 사용한다.

🔊 주의사항

설사하거나 속이 찬 사람에게는 좋지만, 간이 나쁜 사람이 먹으면 더 악화될 수
있다. 소양인, 혈액형 O형, 알레르기 체질인 사람은 옻을 심하게 타므로 주의한
다. 옻이 올랐을 때는 띠 뿌리(백모근)를 달여 먹고 그 물을 바르거나 백반물을
바른다.

개옻나무 *Rhus trichocarpa*

■ 옻나무과 잎지는 큰키나무   ■ 분포지 : 전국 야산
❋ 개화기 : 5~7월   🍂 결실기 : 10월
🌿 채취기 : 봄(어린잎 · 진액 · 줄기껍질), 여름(잎), 가을(뿌리)

:: 별 명 : 산칠수(山漆樹)
:: 생약명 : 건칠(乾漆)
:: 유 래 : 옻나무이지만 약효가 참옻나무보다 못하다고 하여 붙여진
이름이다.

■■ 생태

높이 7~8m. 줄기껍질은 회색빛을 띤 갈색이며, 사다리꼴로 갈
라진 참옻나무와는 달리 세로로 길게 갈라져 있다. 잎은 참옻나무
처럼 타원형이고, 드물게 잎 가장자리에 톱니가 있는 것도 있다. 꽃
은 5~7월에 노란빛이 나는 초록꽃이 핀다. 열매는 10월에 익는데,
참옻나무와는 달리 거친 털이 있다.

전체 모습   오른쪽 페이지 | 줄기와 잎

단풍
순

줄기(겨울) | 열매

■■효능

한방에서는 줄기껍질을 건칠(乾漆)이라고 한다. 참옻나무를 구할
수 없는 경우에 참옻나무 대용으로 처방한다.

◀》 주의사항

간이 나쁘거나 옻을 타는 사람은 먹지 않는다.

약 식 참옻나무 유사종

오배자나무 *Rhus chinesis*

- 옻나무과 잎지는 작은큰키나무 ■ 분포지 : 전국 산과 들
- 개화기 : 8~9월 결실기 : 10월
- 채취기 : 봄(어린잎 · 진액 · 줄기껍질), 여름(잎), 가을(열매)

:: 별　명 : 붉나무, 불나무, 뿔나무, 염부목(鹽膚木)
:: 생약명 : 염부자(鹽膚子), 염부엽(鹽膚葉), 염부수백피(鹽膚樹白皮), 염
　　　　　부자근(鹽膚子根)
:: 유　래 : 가을에 잎이 붉게 물든다고 하여 '붉나무' 라고도 부른다.

■■■ 생태

　높이 5m. 잎은 타원형으로 마주나고 앞뒷면에 털이 있다. 잎 가
장자리에는 톱니가 드문드문 있다. 가을에 아주 붉게 단풍이 든다.
옻나무와 유사하지만, 독성이 없고, 한 가지에서 3갈래로 갈라진
뒤 다시 자라 올라와 3갈래로 갈라진다. 가지를 꺾으면 하얀 유액
이 나오며, 태우면 폭죽처럼 요란한 소리가 난다. 꽃은 8~9월에 노
란 꽃이 하늘을 향해 핀다. 열매는 10월에 연노란빛을 띤 붉은색으
로 여문다. 또한, 노란빛 갈색 잔털과 하얀 껍질로 덮여 있고, 크기
가 잘아 꽃이 핀 것처럼 보인다. 높은 산에서는 볼 수 없다.

줄기

잎

■■■효능

한방에서는 뿌리껍질을 염부자근(鹽膚子根), 줄기껍질을 염부수 백피(鹽膚樹白皮), 잎을 염부엽(鹽膚葉), 열매를 염부자(鹽膚子)라고 한다. 폐를 윤택하게 하고, 열을 내리며, 가래를 삭히고, 뭉친 어혈 과 염증을 풀며, 땀과 설사가 멎고, 독을 푼다. 심한 기침과 가래, 목 이 붓고 아플 때, 황달, 종기, 설사, 종기에 고름이 잡혔을 때, 유방 염, 이질로 인한 설사, 치질에 약으로 처방한다.

민간에서는 기침이 오래되어 낫지 않을 때, 대장염으로 인한 설 사, 얼굴이 누렇게 떴을 때, 골절, 땀이 비 오듯 쏟아질 때, 화상, 피 부염, 종기가 나서 아플 때 사용한다.

순 | 꽃 | 열매

화살나무 *Euonymus alatus*

- 노박덩굴과 잎지는 작은키나무 ■ 분포지 : 전국 산 중턱 자갈밭
- 개화기 : 5~6월 ■ 결실기 : 10월
- 채취기 : 봄(어린잎), 가을(열매), 수시로(줄기)

::별　명 : 팔수(八樹), 신전목(神箭木)
::생약명 : 귀전우(鬼箭羽)
::유　래 : 가지모양이 화살처럼 생겼다고 해서 붙여진 이름이다.

■■ 생태

　높이 3m. 줄기껍질은 회색빛이 나는 갈색이다. 가지는 사방으로 퍼지며, 가지 양쪽에 갈색 날개가 붙어 있다. 잎은 타원형으로 마주나고, 잎 가장자리에 톱니가 있다. 잎을 비비면 비누처럼 아주 매끄럽고, 가을에는 붉은색으로 단풍이 든다. 꽃은 5~6월에 노란빛을 띤 초록꽃이 핀다. 열매는 10월에 작고 둥글납작하게 노란빛이 도는 붉은색으로 맺힌다. 씨앗은 하얗다.

열매

전체 모습 | 잎, 꽃

■■■ 효능

한방에서는 날개 달린 줄기를 귀전우(鬼箭羽)라고 한다. 어혈을
풀어주고, 생리 불순을 다스리며, 균과 기생충을 없애는 효능이 있
다. 산후 어혈, 갱년기 장애, 잘 체하고 배가 아플 때, 기생충 구제에
약으로 처방한다.

민간에서는 암, 당뇨, 동맥경화, 생리가 끊겼을 때, 산후 몸살, 배
앓이, 종기가 나서 아플 때, 가시가 박혔을 때 사용한다.

가지

대나무 Bambusoideae

- 벼과 늘푸른 큰키나무의 총칭 ■ 분포지 : 전국 마을 근처
- 개화기 : 6~7월 결실기 : 8월
- 채취기 : 봄(어린순 · 진액), 수시로(잎 · 뿌리)

:: 별 명 : 죽순(竹筍), 죽엽(竹葉), 죽력(竹瀝)
:: 유 래 : 중국에서는 대나무를 덱[竹]이라고 부르는데 우리나라에 들어오면서 '대' 라고 불려졌다.

■■■ 생태

높이 7~8m. 군락을 지어 자란다. 뿌리는 짧고 잘게 갈라진다. 새순은 5~6월에 올라오는데, 묵은 대의 뿌리가 옆으로 뻗어나간 자리에 돋아나며 봄에 한꺼번에 자란다. 줄기는 위쪽으로만 빠른 속도로 자라는데, 햇대는 줄기가 푸르지만 2~3년 된 묵은 대는 황록색으로 변한다. 가지는 한 마디에서 2개의 가지가 엇갈려서 나온다. 잎은 가늘고 길며 3~5장씩 달린다. 꽃은 일생에 한번 피는데, 6~7월에 긴 꽃대가 나와 자잘한 연황록색 꽃들이 밥풀처럼 달린다. 꽃이 피고 나면 보리알 같은 열매가 달리며 이 때 몸 속 양분이 소진되어 식물 자체가 완전히 소멸한다.

대나무를 분재로 만들려면 초봄에 순이 올라올 때 맨 밑에 있는 껍질을 계속 제거하면 마디마디가 짧아져서 키가 작아진다.

*유사종 _ 솜대, 해장죽, 이대, 조릿대, 참조릿대.
　　　　중국산, 일본산 대도 많이 들어와 있다.

🔊 주의사항

죽순에는 아릿한 맛이 있기 때문에 요리하기 전에 껍질을 제거하고 끓는 물에 삶아서 찬물에 아린 맛을 우려내야 한다.

오른쪽 페이지 | 전체 모습

죽순
죽순 자란 모습

줄기

■■■효능

한방에서는 순을 죽순(竹筍), 잎을 죽엽(竹葉), 줄기에서 나오는
진을 죽력(竹瀝)이라고 한다. 풍과 염증을 없애고, 열을 내리며, 장
을 튼튼하게 하고, 기운을 북돋운다. 〈동의보감〉에서도 "대나무는
모든 식독을 풀어주고 전신을 맑게 하며 주독을 풀어주고 피를 맑
게 하는 작용을 하며 노화 예방과 중풍 예방에 탁월하고 감기 기침,
그리고 해열 작용이 있다"고 하였다. 고혈압, 중풍, 눈이 침침할 때,
신경통에 약으로 처방한다. 단백질과 각종 아미노산이 풍부하다.

민간에서는 풍기, 어혈, 감기, 심한 기침, 기관지염, 가슴이 답답
하고 열이 날 때, 혈액 순환이 안 되어 팔다리가 저릴 때, 몸이 붓고
살이 찔 때 사용한다.

3

수액을 이용하는
산 속 식물

고로쇠나무 *Acer mono*

- 단풍나무과 잎지는 큰키나무
- 분포지 : 전국 산골짜기
- 개화기 : 5월
- 결실기 : 9~10월
- 채취기 : 3~4월(수액)

::별　　명 : 골리수(骨利樹), 고로실나무, 오각풍, 수색수, 색목
::생약명 : 풍당(楓糖), 지금축(地錦槭)
::유　　래 : 통일신라 말의 도선국사가 이 나무의 수액을 받아 먹고 굳어
　　　　　 진 무릎이 펴졌다고 해서 골리수(骨利樹, 뼈에 이로운 물)라 부
　　　　　 르게 되었는데, 세월이 흐르면서 '고로쇠나무'로 불려졌다.

■■■ 생태

　높이 20m. 군락을 지어 자란다. 줄기껍질이 백색 또는 회색빛이
도는 갈색이며, 나무 끝은 하얗다. 가지는 하늘을 향해 뻗는다. 잎은
5~7갈래로 자유롭게 갈라지며, 폭이 넓고 끝이 뾰족하다. 꽃은 5월
에 하얗게 핀다. 열매는 9~10월에 자주색을 띤 초록으로 여문다.

＊유사종 _ 왕고로쇠나무, 만주고로쇠나무, 단풍나무

잎

전체 모습

■■효능

한방에서는 줄기껍질에서 나오는 수액을 풍당(楓糖), 뿌리와 뿌리껍질을 지금축(地錦皺)이라고 한다. 위장과 폐를 튼튼히 하고, 통증과 염증을 없애며, 피를 멎게 한다. 위장병, 폐병, 관절염, 골절, 타박상에 약으로 처방한다.

민간에서는 당뇨, 위가 아프고 소화가 안 될 때, 뼈가 부실할 때, 뼈마디가 쑤시고 아플 때 사용한다.

꽃 | 수액

단풍나무 *Acer palmatum*

■ 단풍나무과 잎지는 큰키나무   ■ 분포지 : 전국 산골짜기
🌸 개화기 : 5월   🍂 결실기 : 9~10월

::별   명 : 참단풍나무, 가레쑥
::유   래 : 가을이면 말 그대로 붉게(丹) 단풍(楓)이 든다고 해서 붙여진
　　　　　이름이다.

■■■ 생태

　높이 10m. 뿌리는 다른 나무에 비해 아주 단단하다. 줄기는 희고 붉은빛이 나는 갈색이며, 몸체가 매끄럽다. 키는 고로쇠나무보다 작으며, 가지가 옆으로 퍼지는 성질이 있다. 잎은 5~7장으로 갈라지고, 폭이 넓고 끝이 뾰족하며, 표면이 매끄럽다. 가을에 붉게 물든다.

　옮겨심기는 수액이 올라오기 전 봄·가을에 하는데, 이 때 뿌리를 둥글게 파서 흙이 떨어지지 않도록 새끼줄이나 고무줄로 감아 다른 곳으로 옮긴다. 잎을 모두 훑어주지 않으면 나무가 죽는다. 또한, 잎이 나온 다음에는 잎을 모두 떼고 옮겨 심어야 잘 산다.

꽃

단풍든 모습
열매

🔊 **주의사항**

단풍나무 수액을 고로쇠나무 수액으로 착각하여 마시는 경우가 있는데, 맛은 달
지만 약간 독성이 있어 간혹 눈이 침침해지고 어두워지는 현상이 생기므로 주의
한다.

거제수나무 *Betula costata*

- 자작나무과 잎지는 큰키나무   ■ 분포지 : 전국 산골짜기
- 개화기 : 5~6월   결실기 : 9월   채취기 : 4월(수액)

::별　명 : 거자수나무, 물자작나무
::생약명 : 화수액(樺樹液)
::유　래 : 열로 인한 병(災)을 막아주는(去) 수액이 나오는 나무라고 하여
　　　　 '거제수나무' 라 부른다. 경상도에서는 '거자수나무' 라고도 한다.

■■ 생태

　높이 30m. 키가 아주 크게 자라며 군락을 지어 서식한다. 줄기는
회색빛이 나는 갈색이며, 얇은 비늘껍질 같은 것이 붙어 있다. 잎은
타원형으로 어긋나고, 끝이 뾰족하며, 잎 가장자리에 잔 톱니가 있
다. 가을에는 노랗게 단풍이 든다. 꽃은 5~6월에 붉은색으로 핀다.
열매는 9월에 달걀모양으로 맺힌다.

겨울 모습

■■효능

한방에서는 수액을 화수액(樺樹液)이라고 한다. 자작나무 수액 대신 사용한다. 열을 내리고, 독을 풀어주며, 기침을 멎게 한다. 심한 기침 감기, 잇몸에서 피가 날 때, 신장병, 손발의 관절이 붓고 아플 때 약으로 처방한다. 수액을 받아 마시는데 각종 미네랄과 무기질이 풍부하다.

민간에서는 위장병, 뼈마디가 쑤시고 아플 때, 관절염에 사용한다.

새순 | 꽃
줄기

4

열매를 이용하는
산 속 식물

산딸기나무 *Rubus crataegifolius*

■ 장미과 잎지는 작은키나무　　■ 분포지 : 황해도 이남 산과 들
❀ 개화기 : 6월　✿ 결실기 : 7~8월
🌿 채취기 : 여름(열매), 가을~겨울(줄기 · 뿌리)

::별　명 : 나무딸기, 참딸기, 참딸, 흰딸
::생약명 : 현구자(懸鉤子), 복분자(覆盆子), 우질두(牛迭肚)
::유　래 : 산에 나는 딸기라 하여 붙여진 이름이다.

■■ 생태

　높이 3m. 봄에 원뿌리에서 싹이 나와 줄기가 자란다. 줄기는 덩굴성이고, 색깔이 허연 복분자와는 달리, 산딸기나무는 줄기가 곧게 자라며 붉은 갈색이다. 몸 전체에 가시가 드문드문 붙어 있다. 잎은 둥글고 넓다. 잎 가장자리는 3~4갈래로 갈라지고, 갈퀴모양의 가시가 있다. 꽃은 6월에 하얗게 핀다. 열매는 7~8월에 검은 복분자와는 달리 붉게 여문다.

　열매를 한 번 수확한 묵은 나무는 다음해에 열매가 조금 달리고 점점 말라죽으므로 모두 베어버린 뒤 새순을 관리해야 그 다음해에도 열매를 수확할 수 있다. 나무가 너무 빽빽하게 자라면 열매가 적게 달리므로 적당히 베어서 솎아야 한다.

*유사종 _ 나무 위에서만 나는 딸기는 맥도딸기, 검은딸기, 거제딸기, 섬딸기. 덩굴성 딸기는 겨울딸기(땅줄딸기, 왕딸기, 늘푸른줄딸기), 복분자딸기, 장딸기(땃딸기), 가시딸기(섬가시딸기), 멍덕딸기, 줄딸기(덩굴딸기, 덤불딸기), 멍석딸기(번둥딸기, 멍딸기), 곰딸기(붉은가시딸기, 수리딸기).

꽃

■■■ 효능

한방에서는 덜 익은 열매를 말린 것을 현구자(懸鉤子)라고 한다. 눈이 밝아지고, 가래를 삭히며, 술독을 풀어준다. 갱년기 장애, 술을 깰 때, 가래가 나올 때 약으로 처방하며, 열매는 검은 복분자 딸기와 구분하지 않고 자양강장제로 사용하기도 한다. 유기산과 비타민 C가 풍부하다.

민간에서는 몸이 허하고 기운이 없을 때, 술독을 풀 때, 눈이 침침할 때, 간이 안 좋을 때, 자양강장제, 아이가 밤에 오줌을 쌀 때, 당뇨, 자궁 염증, 기관지염, 기침이 가라앉지 않을 때, 천식, 습진에 사용한다.

열매
순

산앵두나무 *Vaccinium Koreanum*

■ 진달래과 잎지는 작은키나무 ■ 분포지 : 전국 깊은 산 속
🌸 개화기 : 5~6월 🍂 결실기 : 9월
✂ 채취기 : 여름(잎), 가을(열매), 겨울(뿌리)

::별　명 : 산앵도나무
::생약명 : 욱리인(郁李仁)
::유　래 : 앵두나무와 비슷하게 생기고, 잎과 줄기에 광택이 있다. 산
　　　　에 나는 앵두라 하여 붙여진 이름이다.

■■ 생태

　높이 1~1.5m. 줄기는 짙은 갈색이며 윤기가 난다. 잎은 길쭉한 타원형으로 마주나고, 주름이 적고 광택이 난다. 잎 가장자리에는 보일 듯 말 듯 자잘한 톱니가 있다. 꽃은 5~6월에 붉은빛을 띤 하얀 꽃이 달린다. 열매는 9월에 붉게 여문다.

열매

꽃봉오리

■■ 효능

　한방에서는 열매를 욱리인(郁李仁)이라고 한다. 폐 · 간 · 심장이 튼튼해지고, 가래 · 기침을 없애며, 원기를 북돋아주고, 치솟은 기운을 내리며, 장이 깨끗해지고, 피부가 윤택해지며, 소변이 잘 나오게 한다. 〈동의보감〉에는 "앵도는 중초를 고르게 하고 지라의 기운을 도와주며 얼굴이 고와지고 기분을 좋게 하며 체하여 설사하는 것을 멎게 한다"고 하였다. 기관지염, 요도염, 방광염, 당뇨, 간이 안 좋아 황달기가 있을 때, 대장염이 잘 낫지 않고 설사할 때, 잇몸에서 피가 날 때 약으로 처방한다. 비타민 C가 풍부하다.

　민간에서는 기관지염, 천식, 기침, 장이 좋지 않아 설사할 때, 당뇨, 잇몸 출혈, 기생충 구제, 거친 피부, 종기, 여드름, 뱀이나 독충에 물렸을 때, 자양강장제로 사용한다.

앵두나무 *Prunus tomentosa*

■ 장미과 잎지는 작은키나무   ■ 분포지 : 전국 집 근처
❀ 개화기 : 4~5월   ♠ 결실기 : 6월
✂ 채취기 : 여름(열매), 가을~겨울(뿌리)

:: 별　명 : 앵도(櫻桃)나무
:: 생약명 : 욱리인(郁李仁), 모앵도(毛櫻桃), 앵도리(櫻桃李), 앵도근(櫻桃根)
:: 유　래 : 꾀꼬리가 복숭아처럼 생긴 이 열매를 좋아한다고 하여 '앵
도'라고 부르다가 세월이 흐르면서 '앵두나무'로 불려졌다.

■■ 생태

　높이 2~3m. 나무에 수분이 많고 양지에서 잘 자란다. 줄기껍질
이 검은색이며, 겉껍질이 자잘하게 붙어 있다. 어릴 때는 가지에 곱
슬거리는 털이 있다. 산앵두나무와는 달리 잎에 주름이 많고 윤기
가 없으며, 잎 가장자리에 선명하게 톱니가 있다. 꽃은 4~5월에 붉
은빛을 띤 하얀 꽃이 피고, 산앵두나무와는 달리 잎보다 꽃이 먼저
달린다. 열매는 산앵두나무보다 빨리 6월에 붉게 여물고, 어릴 때
는 잔털이 있다.

■■ 효능

　한방에서는 열매를 욱리인(郁李仁)이라고 한다. 산앵두나무와 같
이 약으로 처방한다.

전체 모습
열매

초피나무 *Zanthoxylum piperitum*

■ 운향과(산초과) 잎지는 작은키나무 ■ 분포지 : 중부 이남 산중턱 이하
❀ 개화기 : 5~6월 🌱 결실기 : 8~9월
✂ 채취기 : 봄(어린잎), 여름~가을(열매), 가을~겨울(가지)

∷별 명 : 제피나무
∷생약명 : 화초(花椒), 화초근(花椒根), 화초엽(花椒葉), 초목(椒目)
∷유 래 : 산초나무(椒)와 비슷하지만 열매껍질(皮)을 먹는 나무라 하여 '초피나무'라는 이름이 붙여졌다. 경상도에서는 '제피나무'라고도 한다.

■■ 생태

높이 3~5m. 줄기껍질이 짙은 회색이다. 가지는 마주나며 커다란 가시가 1쌍씩 마주 달린다. 잎은 홀수겹잎으로 작고, 잎줄기는 어긋나며, 톡 쏘는 매운 향이 난다. 잎 가운데에 노란 얼룩무늬가 불규칙하게 있다. 잎 가장자리에는 잔 톱니가 드문드문 있다. 꽃은 5~6월에 연한 녹황색으로 피는데, 꽃잎이 없고 크기가 매우 자잘하다. 열매는 8~9월에 붉게 여물고, 잎과 똑같이 독특하고 강한 향이 난다. 열매가 다 익으면 갈색으로 변하며, 양쪽으로 갈라져 검은 씨가 나온다.

*유사종 _ 왕초피나무, 맨들초피나무

꽃 | 순

열매

■■■효능

한방에서는 열매껍질을 화초(花椒), 뿌리를 화초근(花椒根), 잎을 화초엽(花椒葉), 씨앗을 초목(椒目)이라고 한다. 몸을 따뜻하게 하고, 양기를 북돋아주며, 기를 내리고, 풍을 없애며, 소화가 잘 되고, 통증을 없애며, 피부가 윤택해지고, 눈이 좋아지며, 균과 벌레를 죽이고, 생선 비린내를 없앤다. 소화불량, 가슴과 배가 차고 아플 때, 심한 기침, 갑작스런 복통, 구토, 설사에 약으로 처방한다.

민간에서는 몸이 허약할 때, 여성 질환, 항문이 처졌을 때, 더위·추위를 탈 때, 숨이 차고 기침이 날 때, 기생충 구제, 치통, 탈모, 불면증, 뼈마디가 쑤시고 아플 때, 종기, 타박상, 동상 등에 사용한다.

산초나무 *Zanthoxylum schinifolium*

- 운향과 잎지는 작은키나무   ■ 분포지 : 전국 산기슭 양지
- 개화기 : 8~9월   결실기 : 9~10월
- 채취기 : 봄(어린잎), 가을(열매)

::별　명 : 난두나무, 분디나무
::생약명 : 천초(川椒)
::유　래 : 산에 나는 초피나무 종류라고 하여 붙여진 이름이다. 경상
　　　　　도에서는 '난두나무' 라고도 한다.

■■ 생태

　높이 3~4m. 토질이 좋은 곳에 주로 자생하며 양지를 좋아한다. 몸에 가시가 있지만 크기가 잘고 초피나무와는 달리 어긋난다. 잎은 푸르고 초피나무보다 향이 매우 옅으며, 잎 가장자리에 톱니가 많다. 꽃은 봄에 꽃이 피는 초피나무와는 달리 8~9월에 연초록으로 핀다. 열매는 9~10월에 초록빛을 띤 갈색이나 붉은색으로 여문다. 꽃과 열매가 하늘을 향해 달린 것이 특징이다.

줄기 | 꽃

168

열매

■ ■ 효능

한방에서는 열매껍질을 천초(川椒)라고 한다. 위를 튼튼히 하고, 장을 깨끗이 하며, 몸을 따뜻하게 하고, 균과 기생충을 없앤다. 몸이 차고 설사할 때, 배앓이, 구토, 지루성 피부염에 약으로 처방한다.

민간에서는 위가 약할 때, 소화가 안 되거나 체했을 때, 배가 차갑고 설사할 때, 생선을 잘못 먹어 탈이 날 때, 기생충 구제, 심한 기침, 눈병, 벌에 쏘였을 때, 치통 등에 사용한다.

밤나무 *Castanea crenata var. dulcis*

- 참나무과 잎지는 큰키나무　　■ 분포지 : 전국 산과 들
- 개화기 : 6월　　결실기 : 9~10월
- 채취기 : 봄(진액), 늦봄~초여름(줄기껍질), 여름(잎), 가을(열매)

:: 별　　명 : 밥나무
:: 생약명 : 율자(栗子), 율수피(栗樹皮), 율각(栗殼)
:: 유　　래 : 곡식이 귀할 때 열매를 밥처럼 먹을 수 있는 나무라 하여 '밥
　　　　　　나무' 라고 부르다가 세월이 흐르면서 '밤나무' 로 불려졌다.

▩▩ 생태

높이 17m. 줄기껍질이 어두운 갈색이며 세로로 깊이 갈라진다. 가지를 많이 친다. 잎은 긴 타원형으로 앞면에 광택이 난다. 잎 가장자리에는 초록색 가시톱니가 있다. 꽃은 6월에 기다란 솜털모양으로 하얗게 피고, 깊은 향이 난다. 열매는 9~10월에 여물고, 겉껍질에 길쭉한 가시가 있다. 다 익으면 열매껍질이 벌어지고, 그 안에 열매가 2~3개씩 들어 있다.

밤나무는 산에서 '자생하는 재래종' 과 '산비탈에 심어 관리하는 재배종' 이 있다. 재래종은 열매껍질이 잘 벗겨지며 열매가 재배종보다 잘지만 맛이 달고 구수하다. 재배종은 열매가 굵다.

열매 | 줄기

꽃 | 새싹

■■■**효능**

　한방에서는 열매를 율자(栗子), 줄기껍질을 율수피(栗樹皮), 열매 껍질을 율각(栗殼)이라고 한다. 위와 비장을 튼튼히 하고, 신장을 보하며, 양기를 북돋우고, 피를 활성화시키며, 피를 멎게 한다. 위암, 위염, 기관지염, 혈액 순환이 안 될 때, 신장 기능이 약할 때 약으로 처방한다. 탄수화물, 비타민 $B_1 \cdot C$, 칼슘, 철분이 풍부하다.

　민간에서는 위암, 허리와 다리에 힘이 없을 때, 코피, 술독을 풀 때, 입맛이 없고 소화가 안 될 때, 병후에 몸이 쇠약할 때, 이가 아프고 잇몸이 부었을 때, 심한 설사, 변에 피가 묻어 나올 때, 생가래, 입 안 염증, 화상, 기미, 잔주름, 머리가 많이 빠질 때, 옻이 올랐을 때, 피부가 가렵고 염증이 있을 때 사용한다.

상수리나무 *Quercus acutissima*

■ 참나무과 잎지는 큰키나무   ■ 분포지 : 전국 산기슭 양지
🌸 개화기 : 3~4월   🍂 결실기 : 10월
✂ 채취기 : 늦봄~초여름(줄기껍질), 가을(열매)

::별   명 : 토리나무, 참나무
::생약명 : 상실(橡實), 상실각(橡實殼), 상목피(橡木皮)
::유   래 : 본래 이름은 '토리나무' 였는데 선조가 임진왜란 때 토리묵
을 맛본 후 항상 수라상에 올리게 했다고 해서 '상수리나
무' 라 불려졌다.

■■■ **생태**

높이 30m. 줄기껍질은 회색빛이 도는 갈색이며, 세로로 거친 주름이 있다. 잎은 넓고 긴 타원형이다. 잎 가장자리에 붙은 가시톱니가 초록색을 띠는 밤나무와는 달리 허옇다. 꽃은 3~4월에 노란빛이 나는 연초록의 자잘한 꽃이 이삭처럼 한 줄기에 여러 송이가 달린다. 열매는 10월에 둥글고 작게 달리는데, 다 익으면 열매껍질에서 분리되어 땅에 떨어진다.

＊유사종 _ 갈참나무, 졸참나무, 신갈나무, 떡갈나무, 개가시나무, 종가시나
무. 이들 도토리가 달리는 나무는 진짜 좋은 목재가 되는 나무라
하여 '참나무' 라고도 부른다.

군락 | 전체 모습

줄기
채취한 열매

꽃

■■■효능

한방에서는 껍질 벗긴 열매를 상실(橡實), 열매껍질을 상실각(橡實殼), 줄기를 상목피(橡木皮)라고 한다. 몸 속의 독을 배출시키고, 위와 장을 튼튼히 하며, 피를 멎게 한다. 치질, 장 출혈, 설사에 약으로 처방한다. 열매에 단백질과 사포닌이 들어 있는 알칼리성 식품이다.

민간에서는 치질로 인한 항문 출혈, 장 출혈, 술독을 풀 때, 목 염증, 소화가 안 되고 설사할 때, 종기, 화상 등에 사용한다.

감나무 *Diospyros kaki*

- 감나무과 잎지는 큰키나무   ■ 분포지 : 중부 이남
- 개화기 : 6월   결실기 : 9~10월
- 채취기 : 봄(잎 · 줄기껍질), 초여름(꽃), 가을(열매)

```
::별    명 : 시수(柿樹)
::생약명 : 시근(柿根), 시목피(柿木皮), 시엽(柿葉), 시자(柿子), 시체(柿滯)
::유    래 : 단(甘)맛이 나는 열매가 달리는 나무라고 해서 붙여진 이름이다.
```

■■생태

높이 15m. 줄기는 짙은 회색빛이 나는 갈색이며, 겉껍질이 잘게 갈라진다. 감나무 종류는 모두 가지가 약하여 잘 부러진다. 잎은 길쭉한 타원형으로 두껍고 질기며, 앞면에 광택이 난다. 가을에는 선명한 주황색으로 단풍이 든다. 꽃은 6월에 연초록으로 핀다. 열매는 9~10월에 주황색으로 여문다. 열매는 평지에 있는 나무보다 산비탈에 있는 나무에 달린 것이 훨씬 달다.

감나무 종류는 단감, 도감, 참감, 납작감, 좃감(떫감) 등 많다.

단감은 둥글고 조금 납작하며, 노랗게 익으면 매우 달다. 다 익으면 홍시가 되는데, 이 때 맛이 오히려 싱거워진다. 큰 단감나무에서 열매를 많이 수확하려면 호미로 묵은 겉껍질을 깨끗이 벗겨내어 기생충이 자라지 못하게 해야 한다. 단감은 서리를 맞으면 살에 멍이 들어 상품성이 떨어지고 씹히는 맛이 서걱서걱해지므로 서리가 오기 전에 모두 수확한다.

도감은 달걀처럼 길쭉하며, 감 중에 가장 크고 단맛이 강하다. 감이 익을 무렵 감 속에 검은 심이 박히는데, 심이 박힐 무렵에는 조금 떫으면서 단맛이 나고, 홍시가 되면 아주 달다.

참감은 푸를 때는 떫지만 홍시가 되면 아주 달다. 참감을 노르스

전체 모습 | 채취한 꽃
열매

도감 | 단감

름할 때 따서 껍질을 벗기고 바람이 잘 통하는 곳에 말리면 곶감이
된다. 가을에는 참감으로 식초를 만들기도 한다. 먼저 감을 잘 씻어
물기를 빼고 항아리에 차곡차곡 쟁인 후 뚜껑을 잘 덮어 발효시킨
다. 1달 후 맑은 윗물만 따라내어 새 항아리에 옮겨 담은 후 다시 발
효시킨다. 감식초는 고혈압, 감기, 소화불량일 때 물에 희석하여 먹
으면 좋다.

납작감은 아주 납작한 감으로, 푸를 때 떫고 홍시가 되어도 별로
달지 않다.

좃감(떫감)은 다른 감과는 달리 산에 자생하기도 하는데, 다른 감
나무보다 잎이 작고 나뭇가지가 가로수처럼 삼각형으로 올라가는
데, 전봇대처럼 가지가 올라가기 때문에 나무타기가 곤란하다. 길
쭉한 종류, 탁구공만한 종류 모두 씨가 많다. 푸를 때는 아주 떫고,
말랑말랑하게 익어도 떫지만 완전히 익어 홍시가 되면 매우 달다.
좃감은 어린 나무보다 고목나무에 열린 것이 맛있다.

좋감 | 참감

■■■ 효능

한방에서는 뿌리를 시근(柿根), 줄기껍질을 시목피(柿木皮), 잎을
시엽(柿葉), 열매를 시자(柿子), 감꼭지를 시체(柿滯)라고 한다. 피가
맑아지고, 혈압을 내리며, 피가 멎고, 폐를 윤택하게 하여 기침과
가래가 멎으며, 열을 내리고, 비장을 튼튼하게 한다. 〈동의보감〉에
서는 "곶감은 허한 몸을 보하고 위장을 든든하게 하며 어혈을 삭히
고 목소리를 곱게 한다. 홍시는 심장과 폐를 따뜻하게 해주며 갈증
을 멈추게 하고 폐와 위의 심열을 치료한다. 감은 식욕을 북돋우고
술독과 열독을 풀며 위의 열을 내리고 토혈을 멎게 한다"고 하였다.
고혈압, 중풍, 폐에 열이 있고 기침과 가래가 나올 때, 목 염증, 열나
고 목이 마를 때, 피를 토할 때 약으로 처방한다. 과당, 비타민 C・
B・K가 풍부한 건강식품이다.

민간에서는 풍기, 소변이 붉을 때, 장에서 피가 날 때, 설사, 술독
을 풀 때, 심한 비염, 폐에서 열이 나고, 마른기침이 날 때, 목이 건
조하고 아플 때, 입 안이나 혀의 염증, 당뇨, 체하여 배가 아플 때,
입이 마르고 갈증이 날 때, 치질, 자궁 출혈, 피가 섞인 설사, 열과
갈증이 날 때, 객혈, 종기의 독을 뺄 때, 화상, 기미, 주근깨 등에 사
용한다.

오미자 *Schizandra Chinesis*

■ 목련과 잎지는 덩굴나무　　■ 분포지 : 전국 높은 산 속
❀ 개화기 : 6～7월　　❀ 결실기 : 8～9월　　✎ 채취기 : 초가을(열매)

::별　명 : 오미, 오매자, 웨미
::생약명 : 오미자(五味子)
::유　래 : 쓴맛, 신맛, 단맛, 짠맛, 매운맛 등 다섯(五) 가지 맛(味)이 나
　　　　　는 열매(子)가 달린다고 하여 붙여진 이름이다.

■■ 생태

높이 8m. 줄기는 붉은 갈색이며, 이웃나무를 감아 올라가는 성질
이 있다. 몸 전체에서 같은 향이 난다. 잎은 타원형으로 어긋나며
잎자루가 붉다. 꽃은 6～7월에 노란빛을 띤 하얀 꽃이 핀다. 열매는
8～9월에 동그랗고 작은 열매가 붉게 여문다.

＊유사종 _ 울릉도흑오미자

■■ 효능

한방에서는 열매를 오미자(五味子)라고 한다. 양기를 북돋우고,
뼈와 근육을 튼튼하게 하며, 폐와 신장을 보하고, 땀이 나지 않게 한
다. 폐가 허하여 기침이 날 때, 당뇨, 다한증, 과로하여 몸이 야위고
얼굴빛이 파리할 때, 밤에 몽정을 할 때, 설사가 나올 때 약으로 처
방한다.

민간에서는 심
한 기침과 가래,
소변이 잦을 때,
몸이 허할 때, 당
뇨 등에 사용한다.

꽃

익은열매 | 풋열매(작은 사진)

개암나무 *Corylus heterophylla var. thunbergii*

■ 자작나무과 잎지는 작은키나무 ■ 분포지 : 전국 낮은 산 양지
🌸 개화기 : 3~4월   🌿 결실기 : 9월   🔪 채취기 : 초가을(열매)

::별 명 : 개감나무, 깨곰나무, 산백과, 깨금, 처낭
::생약명 : 진자(榛子), 진수(榛樹)
::유 래 : 감처럼 생긴 작은(개) 열매가 달린다 하여 '개감나무'라 부
르다가 세월이 흐르면서 '개암나무'로 불려졌다. 경상도에
서는 '깨곰나무'라고도 부른다.

■■■ 생태

높이 3~4m. 키가 작고, 줄기는 회색빛이 나는 갈색이며, 표면이
매끄러우며 손가락 굵기로 자란다. 곁가지는 많이 벌어지지 않는
다. 잎은 커다란 타원형으로 끝이 뾰족하며 어긋난다. 잎 가장자리
에는 뜯겨 나간 듯한 모양의 톱니가 있다. 꽃은 3~4월에 피는데,
수꽃은 이삭처럼 길쭉하고 어두운 갈색이다. 열매는 9월에 여물고,
껍질이 딱딱하고 둥글며, 작은 잎들이 열매 주변을 감싼다. 열매가
익을 무렵에는 잎 아래에 쐐기벌레가 많이 붙어 있는데, 살에 쏘이
면 매우 따갑고 가려우므로 주의한다.

열매

꽃

▪▪▪ 효능

한방에서는 열매를 진자(榛子)라고 한다. 눈을 밝게 하고, 기운과
입맛을 북돋우며, 장 기능을 활성화시킨다. 〈동의보감〉에도 "개암
나무 열매는 기력을 돕고 장과 위를 잘 통하게 하며 배고프지 않게
하며 식욕을 당기게 하고 걸음을 잘 걷게 한다"고 하였다. 기력이 떨
어지고 눈이 침침할 때, 위와 장 기능의 저하에 약으로 처방한다. 단
백질, 지방, 탄수화물이 풍부하다.

민간에서는 병후에 기력이 없을 때, 몸이 나른하고 입맛이 없을
때, 위장병이 잘 낫지 않을 때 사용한다.

채취한 열매

약 식 개암나무 유사종

참개암나무 *Corylus sieboldiana*

■ 자작나무과 잎지는 작은키나무 ■ 분포지 : 전국 깊은 산 계곡
❀ 개화기 : 3~4월 　🌰 결실기 : 10월 　🔪 채취기 : 가을(열매)

:: 별　명 : 진자(榛子)
:: 유　래 : 깊은 산에 나는 귀한 개암나무라고 하여 '참개암나무' 라고
　　　　　 부른다.

■■ 생태

높이 4m. 개암나무보다 키가 크고, 줄기가 굵고, 가지가 많이 벌
어진다. 잎은 개암나무 잎처럼 커다란 타원형에 끝이 뾰족하며, 잎
가장자리에는 뜯겨진 듯한 모양의 톱니가 있다. 꽃은 3~4월에 개
암나무의 꽃과 같은 모양으로 핀다. 열매는 10월에 여무는데, 개암
나무와는 달리 기다란 뿔처럼 생긴 겉껍질에 싸여 있으며 작은 하
얀 털이 많이 붙어 있다.

■■ 효능

한방에서는 열매를 진자(榛子)라고 한다. 개암나무 열매와 똑같
이 처방한다.

민간에서는 병후 몸이 허할 때, 위장병에 사용한다.

잎, 줄기
채취한 열매

으름덩굴 *Akebia quinata*

■ 으름덩굴과 잎지는 덩굴나무 ■ 분포지 : 중남부지역 산기슭
🌸 개화기 : 5~6월 🌰 결실기 : 10월
🍂 채취기 : 봄(어린잎), 가을(열매 · 뿌리)

::별　명 : 으름, 얼움, 조선바나나, 연복자, 임하부인, 통초
::생약명 : 목통(木通), 목통근(木通根), 팔월찰(八月札), 예지자(預知子)
::유　래 : 열매가 익기 전에는 남성의 모습이고, 다 익어 갈라지면 여
　　　　　성의 모습을 하고 있어 남녀의 교합을 뜻하는 '얼움' 이라고
　　　　　부르다가, 세월이 흐르면서 '으름' 으로 불려졌다. 조선에 나
　　　　　는 바나나라 하여 '조선바나나' 라고도 부른다.

■■■ 생태

　높이 5m. 줄기는 갈색이며, 이웃나무에 감아 올라가는 습성이
있다. 잎은 다섯손가락을 편 듯한 길쭉한 타원형으로 5장씩 붙어나
며 가운데가 오목하다. 꽃은 5~6월에 연한 자주색 꽃이 피고, 아래
쪽을 향해 달린다. 열매는 10월에 타원형으로 자줏빛이 도는 갈색
으로 여물고, 씨앗이 많이 들어 있다.

어린순

열매
꽃

■■ 효능

한방에서는 줄기를 목통(木通), 뿌리를 목통근(木通根), 열매를 팔
월찰(八月札), 씨앗을 예지자(預知子)라고 한다. 풍을 없애고, 기를
원활하게 하며, 간과 신장을 튼튼히 하고, 피와 맥을 활성화시켜 주
며, 통증을 없애고, 소변을 잘 나오게 한다. 동맥경화, 위에 열이 있
을 때, 가슴에 열이 나고 답답할 때, 요통, 심한 생리통, 자궁탈, 소
변 보기가 힘들거나 색깔이 붉을 때, 몸이 부었을 때, 유방이나 목
이 붓고 아플 때, 생리가 멈추었을 때, 젖이 잘 안 나올 때, 관절통
등에 약으로 처방한다.

민간에서는 신열, 목이 마를 때, 여성 질환, 소화불량, 소변 이상,
당뇨, 가슴이 답답하고 아플 때, 관절염, 혈액 순환이 안 되어 손발
이 저릴 때, 산모의 몸이 부었을 때 사용한다.

약 식 으름덩굴 유사종

멀꿀 *Stauntonia hexaphylla*

■ 으름덩굴과 늘푸른 덩굴나무 ■ 분포지 : 남부지방 해안가
❀ 개화기 : 5월 🌰 결실기 : 10월
✂ 채취기 : 봄~여름(잎), 가을(열매 · 뿌리)

::별 명 : 멍꿀, 멀굴
::생약명 : 야목과(野木瓜)
::유 래 : 덩굴이 멍줄(닻줄)처럼 생기고 꿀맛이 난다고 하여 '멍꿀' 이
          라 부르다가 세월이 흘러 '멀꿀' 로 불려졌다.

■■ 생태

높이 5m. 줄기는 이웃나무를 감아 올라가는 습성이 있으며, 어린
줄기는 푸르다. 잎은 으름덩굴과는 달리 크고 두껍다. 꽃은 5월에
으름덩굴의 꽃과는 달리 노란빛이 도는 하얀 꽃이 피며, 꽃잎 안쪽
에 자주색 반점이 있는 것도 있다. 열매는 10월에 으름덩굴과 비슷
하게 여무는데, 길이가 짧고 다 익어도 껍질이 벌어지지 않는다.

■■ 효능

한방에서는 뿌리와 잎을 야목과(野木瓜)라고 한다. 심장을 튼튼
히 하고, 소변을 잘 나오게 하며, 통증을 없앤다. 심장이 약할 때, 소
변에 이상이 있을 때 약으로 처방한다.

민간에서는 발열, 목 염증, 복통, 산통이 심할 때, 아이가 배앓이
를 할 때 사용한다.

잎
어린순

073 식

사람주나무 *Sapium japonicum*

■ 대극과 잎지는 작은큰키나무   ■ 분포지 : 전국 산골짜기, 산중턱

🌸 개화기 : 6월   🍂 결실기 : 10월   🔪 채취기 : 봄(어린잎), 가을(열매)

::별　명 : 여자나무, 아구사리, 신방나무

::유　래 : 줄기가 피부처럼 매끄럽고, 단풍이 들면 홍조(朱) 띤 얼굴
　　　　　 같다고 하여 '사람주나무' 라고 부른다. 줄기가 여자 살갗처
　　　　　 럼 매끈거려서 '여자나무' 라고도 한다.

▪▪ 생태

　높이 5~6m. 나무 전체가 밋밋하며, 껍질은 회색빛이 나는 갈색
이다. 잎은 햇가지에 큰 타원형으로 나는데, 잎자루에 붉은 띠가 있
다. 가을에는 단풍이 붉게 든다. 꽃은 6월에 초록빛이 도는 노란 꽃
이 긴 꽃대 끝에 피고, 아주 자잘하다. 열매는 10월에 홍색으로 여
무는데, 모양은 둥글고 3쪽으로 나뉘어 있으며, 그 안에 씨가 1개씩
들어 있다.

▪▪ 효능

민간에서는 변이 잘 안 나올 때, 기생충 구제에 사용한다.

열매 | 줄기

단풍
꽃

074 약식

호박 *Cucurbita spp.*

■ 박과 덩굴성 한해살이풀   ■ 분포지 : 전국 들판
🌸 개화기 : 6~10월   🌿 결실기 : 8~10월
🔪 채취기 : 여름(잎 · 줄기 · 풋열매), 가을(열매)

::별 명 : 오랑캐박
::생약명 : 남과(南瓜), 왜과(倭瓜), 번남과(番南瓜), 서호로(西葫盧)
::유 래 : 오랑캐인 남만에서 전래된 박과 유사한 '오랑캐박' 이라고
            하여 '호박' 이라 부른다.

■■■ 생태

높이 5~10m. 농가에서 재배한다. 줄기는 굵고 홈이 파여 있으며, 굵은 털이 있다. 줄기 마디마디에 덩굴손이 2개씩 있어 다른 나무에 붙거나 옆으로 퍼지는 성질이 있다. 잎은 어긋나고, 폭이 아주 넓으며, 손바닥모양으로 갈라진다. 꽃은 6~10월에 노랗게 잎겨드랑이에 핀다. 열매는 아주 크고, 가을에 노란빛이 나는 갈색으로 여무는데 씨앗이 많다.

호박은 떡잎 때 옮겨 심는데 거름을 많이 주어야 하며, 호박이 덩굴을 뻗어나갈 때 손으로 줄기방향을 옮겨주면 열매가 맺지 않으므로 건드리지 않는 것이 좋다.

호박

덩굴 | 꽃
풋열매

■■■효능

한방에서는 열매 · 꽃 · 줄기 · 뿌리를 남과(南瓜)라고 한다. 피가
맑아지고, 위 · 비장이 건강해지며, 혈당을 조절하고, 부기를 내리
며, 통증 · 염증을 없애고, 독과 균을 다스린다. 〈동의보감〉에도
"맛이 달고 독이 없으며 오장을 편안하게 한다"고 하였다. 산후에
부기가 빠지지 않거나 젖이 안 나올 때, 심한 기침과 가래, 고혈압,
병후에 몸이 허할 때, 혈압이나 당 수치가 높을 때, 황달이 왔을 때
약으로 처방한다. 비타민 A · B₁ · B₂ · C · E, 섬유질, 철분, 칼슘 등
이 풍부하여 비만과 미용에 좋다.

민간에서는 얼굴이 누렇게 떴을 때, 설사, 산후 부기, 평소에 몸
이 쑤실 때, 고혈압, 심한 기침 감기, 산모의 허리나 배가 아플 때,
병후나 나이들어 몸이 쇠약할 때, 당뇨, 산모의 젖이 부족할 때, 심
한 기침, 중풍 · 치매 예방, 소화불량, 복통, 결핵, 생리불순, 베인
상처, 종기가 나서 아플 때, 화상 등에 사용한다.

5

꽃을 이용하는
산 속 식물

참꽃나무 *Rhododendron weyrichii*

■ 진달래과 잎지는 작은키나무　■ 분포지 : 전국 산지 양지
🌸 개화기 : 4월　💧 결실기 : 10월　✂ 채취기 : 봄(꽃), 가을~겨울(뿌리)

:: 별　명 : 진달래, 산척촉, 두견화, 홍두견, 만산홍
:: 생약명 : 만산홍(萬山紅)
:: 유　래 : 먹을 수 있는 꽃이 피는 나무라 하여 '참꽃나무' 라고 하며,
　　　　　'진달래' 라고도 부른다.

■■■ 생태

높이 1~2m. 뿌리는 가늘고 땅 아래로 낮게 퍼진다. 줄기는 연갈색이며, 잔가지가 많이 벌어진다. 봄에 가지를 꺾어주면 꽃이 많이 핀다. 꽃은 4월에 연홍색의 꽃이 잎보다 먼저 핀다. 꽃잎 가장자리에 잔주름이 있다. 잎은 길쭉한 타원형으로 어긋나고, 잎 가장자리가 매끄럽고, 뒷면에는 작은 비늘조각으로 덮여 있다. 열매는 10월에 원통형으로 여문다.

＊유사종 _ 털진달래, 흰진달래, 홍진달래, 왕진달래, 반들진달래, 한라진달래, 철쭉.
　　　　우리나라에 모두 11종이 자생한다. 진달래과 나무 중 인공적으로 개량한 종류는 키가 작고 몸에 털이 있으며, 겨울에도 잎이 지지 않아 조경수로 많이 심는다.

꽃

꽃
잎

■■■ 효능

한방에서는 꽃·뿌리·잎을 만산홍(萬山紅)이라고 한다. 피의 양을 고르게 하고, 어혈을 풀어주며, 가래와 염증을 멎게 하고, 통증을 없앤다. 장 출혈, 설사, 고혈압, 기침과 가래가 심할 때 약으로 처방한다.

민간에서는 관절염, 고혈압, 기관지염에 사용한다.

🔊 주의사항

한꺼번에 꽃을 너무 많이 먹으면 눈이 침침해지며, 꽃술은 반드시 떼고 먹어야 한다. 유사종은 독이 들어 있어 먹을 수 없다.

197

개진달래

■ 진달래과 잎지는 작은키나무   ■ 분포지 : 전국 산지
🌸 개화기 : 4월   🍎 결실기 : 10월

::유   래 : 진짜 진달래가 아니라고 하여 붙여진 이름이다.

■■ 생태

높이 1m. 줄기는 연한 갈색이며, 가지가 옆으로 많이 벌어지고 키가 작다. 잎은 길쭉한 타원형으로 4~5장씩 빙 둘러 붙는다. 꽃은 4월에 잎과 함께 피는데, 색깔과 모양은 진달래와 같으나 끈적한 점액이 묻어 나온다. 열매는 10월에 여문다.

🔊 주의사항

꽃은 독성이 있어 먹을 수 없다.

꽃

198

철쭉 *Rhododendron schlippenbachii*

■ 진달래과 잎지는 작은키나무   ■ 분포지 : 전국 산지
🌸 개화기 : 5월   🌰 결실기 : 10월

::별   명 : 척촉(躑躅)
::유   래 : 꽃모양이 아름다워 발걸음을 머뭇거리게 한다는 뜻으로
              '척촉(躑躅)'이라고 부르다가, 세월이 흐르면서 '철쭉'으
              로 불려졌다.

■▪ 생태

  높이 3~5m. 진달래과 중에서 나무가 아주 굵고, 키가 크며, 잎은
다른 종류에 비해 아주 넓다. 꽃은 5월에 하양, 붉은색 등 여러 색으
로 피는데, 붉은 것은 산철쭉보다 색깔이 연하다. 꽃잎에는 붉은 자
주색 반점이 있다. 열매는 10월에 여문다.

🔊 주의사항

꽃은 독성이 있어 먹을 수 없다.

꽃봉오리 | 잎

뿌리를 이용하는
산 속 식물

참나리 *Lilium tigrinum*

■ 백합과 여러해살이풀　　　■ 분포지 : 전국 산 속
🌸 개화기 : 7~8월　　🍂 결실기 : 10월
🌿 채취기 : 봄(어린잎), 여름(꽃), 가을(뿌리 · 열매)

::별　명 : 나리, 산나리, 호랑나리, 호랑나비, 권단(券丹), 호피백합(虎皮白合), 홍백합(紅白合)
::생약명 : 백합(百合), 백합화(百合花), 백합자(百合子)
::유　래 : 나리 종류 중에 가장 위엄 있고 뛰어난 자태를 지녔다고 하여 으뜸이 된다는(참) 뜻으로 붙여진 이름이다.

■■■ 생태

높이 1~2m. 뿌리는 둥글고 큰 비늘줄기로 되어 있으며, 아래쪽에 잔뿌리가 있다. 줄기는 곧고 길게 자라며, 붉은 자주빛이고, 몸체에 검은 반점이 있다. 잎은 길쭉하고 줄기 아래부터 위까지 촘촘히 붙어 자란다. 꽃이 피기 전, 잎과 줄기 사이에 씨눈이 나와 둥근 자주색으로 여무는데 이것이 땅에 떨어져 번식한다. 꽃은 7~8월에 선명한 주황색으로 피고, 땅 쪽을 바라보고 무성하게 달린다. 꽃잎 안쪽에는 짙은 자주색 반점이 있으며, 암술과 수술이 매우 길어서 꽃잎 바깥까지 뻗어 나온다. 열매는 10월에 길쭉한 모양으로 간혹 맺히고, 열매가 잘 달리지 않으며, 주로 씨눈으로 번식한다.

＊유사종 _ 중나리, 털중나리, 솔나리

꽃 | 전체 모습

뿌리

어린순

■■■ 효능

한방에서는 비늘줄기를 백합(百合), 꽃을 백합화(百合花)라고 한다. 폐를 윤택하게 하고, 기침을 멈추며, 심장 열독을 풀어주어 정신을 안정시키는 효능이 있다. 폐결핵으로 인한 심한 기침, 열병 후 미열이 남아 있을 때, 가슴이 뛰고 잘 놀랄 때, 불면증, 유방염, 부스럼으로 고름과 진물이 날 때, 폐렴, 기관지염, 어지럼증에 약으로 처방하며, 강장제로도 사용한다. 씨앗은 백합자(百合子)라 하여 결핵성 치질에 약으로 처방한다. 전분, 단백질, 지방, 비타민 B_1 · B_2 · C, 베타 카로틴이 풍부하다.

민간에서는 폐결핵, 늑막염, 고열, 기침이 잘 낫지 않을 때, 위장병, 불면증, 독사에 물렸을 때, 혈액 순환이 잘 안 될 때, 장염, 생리가 멈췄을 때, 고혈압, 치질 등에 사용한다.

열매
전체 모습.

중나리

Lilium leichtlinii var. tigrinum

- 백합과 여러해살이풀 ■ 분포지 : 중부 이남지역 산기슭 양지
- 개화기 : 7~8월 결실기 : 10월
- 채취기 : 봄(어린잎), 여름(꽃), 가을(뿌리 · 열매)

:: 별　명 : 단나리
:: 생약명 : 백합(百合), 백합화(百合花)
:: 유　래 : 참나리보다 키가 작다. 중간 키 정도가 되는 나리라 하여 붙여진 이름이다.

■■ 생태

　높이 50~100cm. 뿌리는 작고, 둥근 비늘줄기로 되어 있으며, 땅속에서 옆으로 뻗어나가다가 비늘이 떨어지고 그 자리에 새순이 돋아나온다. 줄기는 매끄럽고 푸르다. 잎은 참나리와는 달리 좁고 광택이 나며, 성글게 달린다. 꽃은 7~8월에 참나리와는 달리 노란빛이 많은 주황색 꽃이 5~10송이 아래쪽을 향해 달린다. 꽃잎 안쪽에는 자주색 얼룩무늬가 뚜렷하다. 열매는 10월에 길쭉한 원기둥 모양으로 여문다. 씨앗보다는 뿌리로 번식하는 편이다.

꽃

뿌리

■■■효능

한방에서는 비늘줄기를 백합(百合), 꽃을 백합화(百合花)라고 한다. 참나리 대용으로 사용한다.

민간에서는 위장병, 자양강장제로 사용한다.

새순

솔나리 *Lilium cernum*

- 백합과 여러해살이풀
- 분포지 : 섬 지역을 제외한 전국 고산지대
- 🌸 개화기 : 7~8월 🎵 결실기 : 9월 ✒ 채취기 : 여름(꽃·뿌리)

::별 명 : 솔잎나리, 솔난
::생약명 : 백합(百合)
::유 래 : 잎이 솔잎처럼 가늘게 생겼다고 하여 붙여진 이름이다.

■■ 생태

높이 70cm. 뿌리는 비늘줄기이며 줄기가 곧게 자란다. 잎은 가늘고 끝이 뾰족하며, 줄기에 촘촘히 어긋난다. 꽃은 7~8월에 붉은 자주색으로 옆을 보고 핀다. 꽃잎 안쪽에는 자주색 얼룩무늬가 불규칙하게 있다. 열매는 넓은 달걀모양으로 주렁주렁 여문다. 중나리처럼 뿌리비늘이 떨어져 나가 번식한다.

＊유사종 _ 검은솔나리, 흰솔나리, 큰솔나리

■■ 효능

한방에서는 나리 종류를 백합(百合)이라고 한다. 약효는 중나리와 같다.

민간에서는 양기를 북돋울 때 사용한다.

꽃
새순
뿌리

둥굴레 *Polygonatum odoratum var. pluriflorum*

- 백합과 여러해살이풀
- 분포지 : 전국 산지
- 개화기 : 5~6월
- 결실기 : 8~9월
- 채취기 : 봄(어린잎), 봄·가을(뿌리)

::별 명: 옥죽(玉竹), 산옥죽(山玉竹), 괴불꽃, 신선초, 위유(萎蕤), 해죽(海竹), 토죽(菟竹), 죽대, 선인반(仙人飯), 조위(鳥萎), 필관채(筆管菜), 영당채(鈴當菜), 황지(黃芝), 소필관엽(小筆管葉), 죽네풀, 진황정
::생약명: 황정(黃精), 편황정(片黃精)
::유 래: 새순이 죽순과 비슷하게 생겼고, 옛날에 임금님이 좋아하여 자주 수라상에 올린 나물이라 하여 '옥죽(玉竹)' 이라고도 한다.

■■ 생태

높이 40~65cm. 뿌리가 대나무 뿌리처럼 마디진 뿌리줄기이며, 겉은 노르스름하고 속살은 희다. 줄기는 한쪽으로 기우뚱하게 기울어져서 자란다. 잎은 어긋나고, 모양은 길고 둥글며, 세로로 긴 홈이 파여 있다. 잎을 손으로 만지면 매우 부드럽다. 꽃은 5~6월에 하얗게 피는데, 꽃들이 줄지어서 아래쪽을 향해 달린다. 종류에 따라 꽃이 2송이씩 피는 것과 1송이씩 피는 것이 있는데, 각기 쌍둥굴레, 외둥굴레라고 한다. 열매는 8~9월에 둥글고 검붉게 여문다. 번식력이 강하여 키우기 쉬우며, 화분에 심으면 대나무처럼 잎이 무성하게 번져 관상용으로 좋다.

*유사종 _ 윤판나물, 민솜대, 풀솜대, 애기나리, 금강애기나리, 큰애기나리

어린순 | 뿌리

꽃

■■■효능

한방에서는 뿌리줄기를 황정(黃精)이라고 한다. 기운을 북돋우고, 비장·위·폐를 보하며, 오장을 편안하게 해주고, 수명을 연장시킨다. 〈동의보감〉에서도 "허로와 쇠약한 신체를 보하고 근육과 뼈를 튼튼하게 하며 정신을 맑게 해주고 간과 신을 보하고 정력을 도와 심기를 편안하게 해주는 약으로서 먹으면 몸이 가벼워지고 기운이 나며 장수한다"고 하였다. 신체가 허약할 때, 심한 기침, 고혈압, 몸이 으슬으슬 추울 때, 뼈마디가 아프고 저릴 때, 늘 소화가 안 될 때, 당뇨가 나오거나 소변이 잦을 때 약으로 처방하며, 보약으로 사용하기도 한다. 칼슘, 단백질, 섬유질이 많다.

민간에서는 폐결핵, 당뇨병, 소화가 안 되고 더부룩할 때, 양기를 북돋을 때, 심장이 약할 때, 병후에 기운이 없을 때, 몸이 허약할 때, 나이 들어 아플 때, 기미, 주근깨 등에 사용한다.

열매

약 식 둥굴레 유사종

애기나리 *Disporum smilacinum*

- ■ 백합과 여러해살이풀
- ■ 분포지 : 전국 산지
- ✿ 개화기 : 4~5월
- 🌢 결실기 : 9~10월
- 🗡 채취기 : 봄(어린잎), 가을(식물 전체)

::별　명 : 아백합
::생약명 : 보주초(寶珠草)
::유　래 : 꽃이 애기처럼 작다고 하여 붙여진 이름이다.

■■ 생태

높이 15~40cm. 뿌리가 뿌리줄기로 되어 있으며, 원줄기에서 땅속줄기가 나와 옆으로 뻗는다. 줄기는 곧게 자라고, 가지는 없거나 1~2개 정도 갈라진다. 잎은 어긋나고, 둥굴레잎처럼 긴 타원형이며, 앞면에 세로로 홈이 있다. 꽃은 4~5월에 작은 별모양의 꽃이 하얗게 피고, 아래를 향해 1송이씩 달린다. 열매는 9~10월에 둥글고 검게 여문다.

＊유사종 _ 큰애기나리, 둥굴레

어린순 | 잎

뿌리

■■■**효능**

한방에서는 뿌리줄기를 보주초(寶珠草)라고 한다. 위가 튼튼해지고, 소화를 돕는다. 천식이나 기침이 심할 때 약으로 처방한다.

민간에서는 소화불량, 양기를 돋우고 장을 튼튼하게 할 때 사용한다.

꽃 | 열매

풀솜대 *Smilacina japonica*

■ 백합과 여러해살이풀　　■ 분포지 : 전국 깊은 산 속 그늘

🌼 개화기 : 5~7월　　🍎 결실기 : 9월

✂ 채취기 : 봄(어린잎), 여름~가을(뿌리)

::별　　명 : 지장보살, 솜대, 솜죽대
::생약명 : 녹약(鹿藥)
::유　　래 : 옛날 보릿고개 때 서민을 구제한 지장보살과 같은 풀이라
　　　　　 하여 '지장보살' 이라고도 부른다.

■■ 생태

　높이 20~50cm. 뿌리는 뿌리줄기로 되어 있으며, 옆으로 퍼진다. 줄기는 비스듬히 자라고, 위쪽에 털이 많다. 잎은 타원형으로 어긋나고, 세로로 홈이 있으며, 뒷면에 털이 있다. 꽃은 5~7월에 하얗게 피는데, 아주 작은 꽃송이들이 모여 하늘을 향해 달린다. 열매는 둥글고 붉은색으로 여문다.

＊유사종 _ 왕솜대

꽃
잎

전체 모습 | 열매

■■■효능

한방에서는 뿌리를 녹약(鹿藥)이라고 한다. 기를 보하고, 풍을 없
애며, 신장을 튼튼하게 하고, 피를 활성화시키며, 생리를 순조롭게
하는 효능이 있다. 신장 이상, 과로·피로, 심한 두통, 풍기, 피부염,
생리가 순조롭지 않을 때 약으로 처방한다.

민간에서는 피로가 쌓였을 때, 편두통, 소변 이상, 생리불순, 타
박상으로 아플 때, 유방염 등에 사용한다.

약 식 둥굴레 유사종

윤판나물 *Disporum sessile*

- 백합과 여러해살이풀
- 분포지 : 전국 산 속 그늘
- 개화기 : 4~5월
- 결실기 : 7~8월
- 채취기 : 봄(어린잎), 가을(뿌리)

::별　명 : 대애기나리
::생약명 : 석죽근(石竹根)
::유　래 : 애기나리와 비슷하게 생겼지만 키가 훨씬 커서 '대애기나
　　　　　리' 라고도 부른다.

■■ 생태

　높이 30~50cm. 한 줄기에서 잎만 붙어 나오는 애기나리와는 달리 한 줄기에서 여러 가지가 나온다. 잎은 타원형으로 줄기에 어긋나며, 앞면에 긴 홈이 있다. 꽃은 4~5월에 노란 꽃들이 송이를 이루어 땅을 바라보며 달린다. 열매는 7~8월에 둥글고 검게 여문다.

꽃

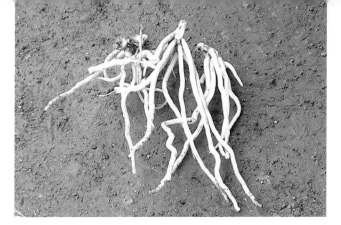

뿌리

■■**효능**

　한방에서는 뿌리줄기를 석죽근(石竹根)이라고 한다. 위장·비
장·폐가 튼튼해지고, 기침을 멈추게 하며, 소화가 잘 되게 한다.
폐결핵으로 기침이나 가래가 나올 때, 장염이 생겼을 때 약으로 처
방한다.

　민간에서는 심한 기침, 체했을 때, 눈이 침침할 때, 양기를 북돋
울 때 사용한다.

🔊 **주의사항**

너무 많이 먹으면 설사하므로 주의한다.

어린순

원추리 *Hemerocallis fulva*

- 백합과 여러해살이풀
- 분포지 : 전국 산지 양지
- 개화기 : 7~8월
- 결실기 : 10월
- 채취기 : 봄(어린잎), 여름(꽃), 가을(뿌리)

::별　명 : 훤초, 근심풀이풀, 넘나물, 망우초(忘憂草), 의남초(宜男草), 황화채(黃花菜), 녹총, 등황옥잠, 등황훤초(橙黃萱草)

::생약명 : 훤초근(萱草根), 금침채(金針菜)

::유　래 : 원래는 '훤초' 라는 한자 이름으로 불렸는데, 세월이 흐르면서 원추리라고 불려졌다. 근심을 잊게 한다고 해서 '근심풀이풀' 이라고도 한다.

■■ 생태

높이 60~80cm. 뿌리는 덩이뿌리이며, 노란빛이 나는 작은 뿌리들이 여러 개 붙어 있다. 줄기는 없고, 뿌리에서 여러 장의 잎이 겹쳐 난다. 잎은 길고 감촉이 매끄러우며, 자라면 잘 구부러진다. 꽃대는 약 1m 자라고, 맨 끝에서 가지가 갈라진다. 꽃은 7~8월에 붉은빛이 도는 노란 꽃이 무리지어 피고, 백합꽃을 닮았으며, 꽃잎이 6쪽으로 갈라진다. 꽃이 한번 피면 오래 간다. 열매는 10월에 넓은 타원형으로 맺히는데, 열매가 터지면서 납작하고 검은 씨앗이 나온다.

＊유사종 _ 각시원추리, 왕원추리, 골잎원추리, 홍도원추리, 큰원추리, 애기원추리, 조랑원추리

꽃

뿌리 | 잎
어린순

■■■효능

한방에서는 덩이뿌리를 훤초근(萱草根)이라고 한다. 여성의 몸을 보하고, 소변이 잘 나오며, 열을 내리고, 통증을 없애며, 피를 만든다. 위염, 황달, 코피, 자궁 출혈, 상처에 피가 날 때 약으로 처방한다. 꽃은 금침채(金針菜)라고 하는데, 붉은 소변이 나올 때, 가슴에 열이 있을 때 약으로 처방한다. 단백질, 포도당, 지방, 비타민, 무기질이 함유된 건강식품이다.

민간에서는 우울증, 양기를 북돋우고 몸을 튼튼히 할 때, 생리불순, 관절염, 요통 등에 사용한다.

🔊 주의사항

원추리에는 독성이 조금 있어 날로 먹으면 설사를 하므로 반드시 익혀 먹는 것이 좋다. 너무 많이 먹어도 시력이 떨어지므로 주의한다.

잎

비비추 *Hosta longipes*

■ 백합과 여러해살이풀　　■ 분포지 : 전국 산과 들
❀ 개화기 : 7~8월　🍂 결실기 : 9~10월
✂ 채취기 : 봄(어린잎), 여름(꽃), 가을(뿌리)

::별　명 : 산옥잠화, 이밥취, 장병옥잠(長柄玉簪), 장병백합, 옥잠화
::생약명 : 자옥잠(紫玉簪), 자옥잠엽(紫玉簪葉), 자옥잠근(紫玉簪根)
::유　래 : 옥잠화는 전설 속의 선녀가 선비의 피리소리에 반하여 땅에
　　　　　내려왔다가 떨어뜨린 기다란 옥비녀처럼 생겼다고 해서 붙
　　　　　여졌으며, 산옥잠화는 산에 나는 옥잠화라고 해서 붙여진
　　　　　이름이다.

■■ 생태

　높이 20~70cm. 줄기가 없으며 뿌리에서 곧바로 잎이 나온다.
어릴 때는 잎이 나사처럼 돌돌 말려 있다가 자랄수록 1장씩 펴지는
데, 표면이 밋밋하고 끝이 뾰족하며 윤기가 난다. 6월이면 긴 심장
형으로 잎이 다 펴지며, 이 때 긴 꽃대가 올라온다. 꽃은 7~8월에
자주색으로 피고, 여러 송이가 한쪽 방향으로 치우쳐서 달린다. 열
매는 9~10월에 여문다.
＊유사종 _ 주걱비비추, 좀비비추, 참비비추

어린순 | 꽃

전체 모습

■■**효능**

　한방에서는 꽃을 자옥잠(紫玉簪), 잎을 자옥잠엽(紫玉簪葉), 뿌리를 자옥잠근(紫玉簪根)이라고 한다. 몸과 기를 보하고, 통증을 없애고, 염증을 삭히며, 피를 멈추고, 소변이 잘 나오게 한다. 자궁이 약하고 출혈을 할 때, 소변이 안 나올 때, 목에 염증이 생겨 아플 때 약으로 처방하며, 양기를 북돋울 때 사용하기도 한다. 비타민과 철분이 풍부하다.

　민간에서는 여성 질환, 위나 목의 염증, 치통, 젖몸살, 귀 염증, 부스럼, 여드름 등에 사용한다.

뿌리

221

달래 *Allium monanthum*

- 백합과 여러해살이풀　　■ 분포지 : 전국 산과 들
- 개화기 : 4~5월　　결실기 : 5~6월
- 채취기 : 봄, 가을(줄기 · 뿌리)

::별　　명 : 작은 마늘, 산산(山蒜)
::생약명 : 야산(野蒜), 소산(小蒜), 해백(薤白), 해엽((薤葉)
::유　　래 : 마늘 냄새가 난다고 해서 '작은 마늘'이라고도 부른다. 예
　　　　　　전에는 시골아이들이 소 먹이러 다닐 때 이 꽃을 따서 제기
　　　　　　차기를 하기도 했다.

■■ 생태

　높이 5~12cm. 뿌리는 비늘줄기이며 둥글고, 여러 덩이가 뭉쳐서 자라며, 아래쪽에 수염 같은 잔털이 있다. 줄기는 여러 개가 겹쳐서 나고, 어릴 때는 잎모양이 부추와 비슷하게 생겼지만 폭이 좁다. 꽃은 4~5월에 길게 올라온 꽃대 끝에 백색 또는 연한 자주색의 작은 꽃들이 여러 송이 모여서 둥근 공처럼 뭉쳐서 달린다. 6월 말이면 30~40일간 휴면기에 들어가 땅 위의 잎이 말라버리고, 8월초에 다시 발아하여 7~8cm 정도 자라면서 겨울을 맞이한다.

*유사종 _ 산달래, 산부추, 참산부추, 두메부추, 한라부추, 산파

뿌리

잎

■■■효능

한방에서는 비늘줄기를 야산(野蒜) 또는 소산(小蒜)이라고 한다. 간·장·신장 기능을 활성화시키고, 피를 잘 돌게 하며, 피부가 윤택해지고, 눈이 밝아지며, 몸을 따뜻하게 해주고, 통증과 독을 없앤다. 장염, 마른 구역질, 설사, 체했을 때, 빈혈, 몸이 허약하여 기운이 없을 때, 심장병, 몽정을 할 때 약으로 처방한다. 야산은 특히 여성에게 좋다. 비타민 A·B·C, 칼슘, 무기질, 단백질, 당질 등이 풍부한 알칼리성 식품이다.

민간에서는 자궁 출혈, 위암, 자궁암, 식도암, 생리불순, 장이 약할 때, 눈이 침침할 때, 몸이 찰 때, 불면증, 신경질이 심할 때, 협심증으로 가슴이 아플 때, 양기를 북돋울 때, 종기가 났거나 벌레에 물려 가려울 때, 타박상, 편도선이 아플 때 사용한다.

열매

우산나물 *Syneilesis palmata*

- 국화과 여러해살이풀
- 분포지 : 전국 산지 그늘
- 개화기 : 6~9월
- 결실기 : 10월
- 채취기 : 봄(어린잎), 여름(잎·줄기), 가을(뿌리)

:: 별 명 : 대토아산(大兎兒傘)
:: 유 래 : 잎모양이 우산처럼 생겼다고 해서 붙여진 이름이다.

■■ 생태

높이 70~120cm. 땅에서 줄기가 돋아날 무렵에는 가지가 나오지 않는다. 잎은 긴 타원형으로 줄기 끝부분에 빙 둘러서 우산살처럼 붙어 나고, 한 잎에서 2갈래로 갈라진다. 우산처럼 생긴 잎 위에 또 하나의 우산이 펼쳐진 듯이 층층으로 자란다. 잎 가장자리에는 무딘 톱니가 있으며, 어릴 때는 솜털이 있다가 자랄수록 떨어져 나간다. 꽃은 6~9월에 길게 올라온 꽃대 끝에 자주색 또는 붉은 자주색으로 핀다. 열매는 10월경에 여문다.

잎 | 전체 모습

어린순
꽃 | 뿌리

■■■효능

한방에서는 줄기와 뿌리를 대토아산(大兎兒傘, 토끼의 우산이라는 뜻)이라고 한다. 피의 흐름을 활성화시키고, 풍과 습한 기운을 없애며, 몸 속의 독을 풀고, 통증을 없앤다. 생리불순, 심한 생리통, 관절통, 풍으로 팔다리가 마비되었을 때 약으로 처방한다. 비타민과 미네랄이 풍부한 건강식품이다.

민간에서는 팔다리가 쑤시고 아플 때, 심한 생리통, 종기가 나서 곪고 아플 때, 뱀이나 독충에 물렸을 때 사용한다.

약 식 우산나물 유사종

하늘말나리 *Lilium tsingtauense*

- 백합과 여러해살이풀
- 분포지 : 전국 산지
- 개화기 : 7~8월
- 결실기 : 10월
- 채취기 : 봄(어린잎), 여름(뿌리)

::별　　명 : 우산말나리, 산채(山菜)
::생약명 : 소근백합(小芹百合)
::유　　래 : '말나리' 라는 이름은 말처럼 껑충하다는 뜻인데, 그 중에서도
　　　　　　꽃이 하늘을 보며 피는 말나리라고 하여 붙여진 이름이다.

■■ 생태

높이 1m. 뿌리는 둥근 비늘줄기이며, 아래쪽에 잔뿌리가 있다. 줄기는 곧게 자란다. 줄기에 잎이 빙 둘러서 나는 우산나물과는 달리, 하늘말나리는 줄기의 위, 아래에 어긋나게 빙 둘러서 난다. 꽃은 7~8월에 밝은 주황색을 띠고 진한 반점이 있는 꽃이 핀다. 꽃잎은 바깥쪽으로 많이 휘어지지 않고, 꽃술도 길게 나오지 않는다. 열매는 10월에 원기둥형으로 여문다.

■■ 효능

한방에서는 비늘줄기를 소근백합(小芹百合)이라고 한다. 폐결핵, 기관지염, 유방염, 심장이 약할 때, 신경 예민, 부스럼으로 고름과 진물이 날 때, 폐렴, 어지럼증에 약으로 처방하며, 강장제로도 사용한다.

민간에서는 폐결핵으로 인한 객혈이나 기침, 깜짝깜짝 놀라고 밤잠을 못 잘 때, 고열, 위장병, 자양강장제로 사용한다.

꽃
─
뿌리
─
잎

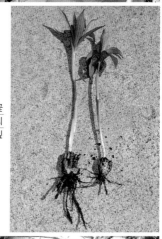

삿갓나물 *Paris verticillata*

- ■ 백합과 여러해살이풀　　■ 분포지 : 전국 산지
- ✿ 개화기 : 6~7월　🌰 결실기 : 8~9월
- 🔪 채취기 : 봄~여름(줄기 · 잎), 가을(뿌리)

::별　　명 : 삿갓풀, 칠엽일지화(七葉一枝花)
::생약명 : 조휴(蚤休)
::유　　래 : 삿갓처럼 생겼다고 하여 붙여진 이름이다.

■■ 생태

　　높이 20~40cm. 뿌리는 뿌리줄기이며, 땅 속에서 길게 뻗어나간다. 줄기 끝에는 6~8개의 잎이 빙 둘러 난다. 잎모양이 우산나물과 닮았지만 삿갓나물은 잎이 2갈래로 갈라지지 않는다. 우산나물은 어릴 때 잎에 털이 붙어 있지만 삿갓나물은 매끄럽다. 꽃은 6~7월에 작은 꽃이 노랗게 피며, 열매는 8~9월에 검은 자주색으로 여문다.

전체 모습

어린순

■■■효능

한방에서는 뿌리를 조휴(蚤休)라고 한다. 피를 맑게 하고, 독을 풀며, 염증과 부기를 가라앉히고, 균을 죽인다. 암, 기관지염, 피부종양, 가려움증이 심할 때 약으로 처방한다.

민간에서는 속쓰림과 소화불량, 불면증, 심한 어지럼증, 기관지염, 편도선염, 종기, 삐거나 타박상, 뱀이나 독충에 물렸을 때 사용한다.

◀》 주의사항

나물이라는 이름이 붙지만 독성이 있어서 먹지 않는다. 약으로 먹을 때도 소량만 복용해야 한다.

뿌리

229

곰취 *Ligularia fischeri*

- ■ 국화과 여러해살이풀
- ■ 분포지 : 전국 깊은 산
- ✿ 개화기 : 7~8월
- 🌰 결실기 : 9~10월
- ✂ 채취기 : 봄(어린잎), 여름~가을(뿌리)

::별　명 : 마제자원, 웅소
::생약명 : 호로칠(胡蘆七)
::유　래 : 깊은 산에 사는 곰이 잘 먹는 풀이라 하여 붙여진 이름이다.

■■생태

높이 1~2m. 뿌리줄기가 굵고, 줄기는 곧게 자란다. 잎이 매우 크고, 잎 가장자리에 톱니가 있으며, 잎 전체에 윤기가 없다. 이에 반해 곰취의 일종인 반달비는 주로 습지에서 자라고, 잎과 줄기는 곰취와 똑같이 생겼지만 크기가 작고 뒷면이 은색이며, 맛은 곰취에 비해 매우 쓰다. 꽃은 7~8월에 노란 꽃이 여러 송이 모여 달린다. 열매는 9~10월에 갈색 또는 자주빛이 나는 갈색으로 여문다.

*유사종 _ 곤달비, 화살곰취, 긴잎곰취, 어리곰취, 갯곰취, 동의나물(미나리 아재비과)

■■효능

한방에서는 뿌리와 뿌리줄기를 호로칠(胡蘆七)이라고 한다. 혈액 순환을 돕고, 기침을 가라앉히며, 가래를 삭히고, 통증을 없앤다. 심한 기침이나 가래, 타박상, 신경통을 앓을 때 약으로 처방한다. 단백질, 칼슘, 비타민 A·C가 풍부한 항암식품이다.

민간에서는 고혈압, 관절통, 유방염, 간질환으로 인한 황달, 종기에 고름이 잡혔을 때 사용한다.

잎|꽃
뿌리

231

독 약 곰취 유사종

동의나물 *Caltha palustris var. membranacea*

■ 미나리아재비과 여러해살이풀
■ 분포지 : 제주도를 제외한 전국 산 속 물가

개화기 : 4~5월   결실기 : 8월   채취기 : 봄~여름(뿌리)

::별 명 : 동이나물, 입금화(立金花), 여제초, 얼개지, 얼갱이
::생약명 : 마제초(馬蹄草)
::유 래 : 잎을 접으면 물동이 모양이 된다고 해서 '동이나물' 또는
          '동의나물' 이라고 부른다.

■■ 생태

높이 50~70cm. 뿌리는 굵고 하얗다. 줄기는 곰취보다 짧다. 잎
은 곰취와 비슷하지만 잎 표면이 반질반질하다. 곰취와는 달리 4~
5월에 노란 꽃이 피며, 열매는 8월에 여문다.

■■ 효능

한방에서는 줄기와 뿌리를 마제초(馬蹄草)라고 한다. 염증을 없
애고, 열을 내리며, 소변을 잘 나오게 하고, 기침을 가라앉힌다. 풍
으로 어지러울 때, 가래가 끓을 때, 두통, 신장병, 당뇨에 약으로 처
방한다.

민간에서는 관절염, 타박상이나 삐었을 때, 화상에 사용한다.

🔊 주의사항

간혹 동의나물을 곰취와 혼동하는 경우가 있는데, 독성이 매우 강하므로 먹지
않도록 주의한다.

잎
뿌리

233

참취 *Aster scaber*

■ 국화과 여러해살이풀　　■ 분포지 : 전국 산지
❀ 개화기 : 8~10월　🎵 결실기 : 11월
✂ 채취기 : 봄(어린잎), 여름(잎·줄기), 가을(뿌리)

::별　　명 : 나물채, 암취, 백운초
::생약명 : 동풍채근(東風菜根)
::유　　래 : 우리나라에는 개미취, 각시취, 곰취, 미역취, 수리취 등 취
　　　　　나물 종류가 많은데, 참취는 취나물 중의 진짜 취나물이라
　　　　　는 뜻으로 붙여진 이름이다.

■■ 생태

　높이 50~120cm. 줄기는 붉은색이다. 잎은 긴 타원형으로 어릴
때는 넓지만 대가 올라가면서 잎이 작게 달리고, 자랄수록 곁가지
가 많이 벌어진다. 잎 가장자리에는 작은 톱니가 있다. 꽃은 8~10
월에 뻗어난 가지마다 하얗게 핀다. 열매는 11월에 여문다.

잎

어린순 | 꽃

■■■효능

한방에서는 뿌리를 동풍채근(東風菜根)이라고 한다. 통증을 가라 앉히고, 독을 풀며, 피를 잘 돌게 하고, 열을 내리며, 소변을 잘 나오 게 한다. 장염, 골절, 타박상, 신경통, 방광염에 약으로 처방한다. 칼륨이 풍부한 알칼리성 식품으로 성인병 예방에 좋다.

민간에서는 허리·배·머리 등이 아프거나 어지러울 때, 목 염 증, 당뇨, 신장이 안 좋 아 몸이 부었을 때, 타박 상, 뱀에 물렸을 때 사용 한다.

◀» 주의사항

요즘에는 농가에서 삼취를 새배하기도 하는데, 화학비료를 주면 죽으므로 주의 한다.

뿌리

094 약식

수리취 *Synurus deltoides*

■ 국화과 여러해살이풀　　■ 분포지 : 전국 산 속 그늘
🌸 개화기 : 9~10월　🌰 결실기 : 11월
✂ 채취기 : 봄(어린잎), 여름~가을(줄기·뿌리)

::별　명 : 떡취, 개취
::생약명 : 산우방(山牛蒡)
::유　래 : 옛날 단오 때 풍년을 기원하며 수레바퀴 모양의 절편을 만
　　　　　들어 먹던 나물이라 하여 '수리취' 라고 부른다.

■■ 생태

높이 50~70cm. 뿌리에서 줄기 없이 곧바로 잎이 올라온다. 잎은
길쭉하고 넓으며 아주 커서 자라면 한 뭉치씩 옆으로 처진다. 잎 윗
면은 초록색, 뒷면은 은색이다. 줄기는 자주빛이며, 거미줄 같은 하
얀 털이 빽빽하다. 꽃은 9~10월에 줄기 끝에 핀다. 열매는 자주빛
이 나는 갈색으로 여무는데, 모양은 길쭉하고 둥글며, 겉껍질에 거
센 가시들이 사방에 붙어 있다.

＊유사종 _ 큰수리취(높은 산에서 자란다), 솜나물

■■ 효능

한방에서는 줄기와 뿌리를 산우방(山牛蒡)이라고 한다. 열을 식
히고, 독을 없애며, 염증을 가라앉히고, 소변이 잘 나오게 하며, 균
을 죽이고, 심장을 튼튼하게 한다. 기관지염, 위염, 피부염, 당뇨,
고혈압, 심한 기침 감기, 림프선이 부었을 때, 상처가 곪았을 때 약
으로 처방한다.

민간에서는 열 감기, 기침 감기, 기관지가 부었을 때, 관절염, 신
장이 안 좋아 몸이 부을 때, 방광염, 위염, 위궤양, 변비, 화상, 피부
염 등에 사용한다.

236

열매
뿌리
잎

벌개미취 *Aster koraiensis*

■ 국화과 여러해살이풀　　■ 분포지 : 경기 이남지역 야산 습지
🌸 개화기 : 8~9월　🌱 결실기 : 10월
🔪 채취기 : 봄(어린잎), 여름~가을(뿌리)

∷별　명 : 별개미취
∷생약명 : 조선자원(朝鮮紫苑)
∷유　래 : 개미취 중에서도 벌판을 화려하게 수놓는 종류라 하여 붙여
　　　　　진 이름이다.

■■ 생태

　높이 50~60cm. 줄기는 곧게 자라는데 개미취보다 통통하고 가
는 홈이 있으며, 자랄수록 가지를 많이 친다. 잎은 아주 길쭉하고
밋밋하며, 가장자리에 잔 톱니가 드문드문 있다. 꽃은 8~9월에 가
지마다 국화를 닮은 연한 자주색 꽃이 달린다. 열매는 10월에 길쭉
한 타원형으로 여문다.

■■ 효능

　한방에서는 뿌리를 조선자원(朝鮮紫苑)이라고 한다. 기침을 가라
앉히고, 가래를 삭혀주며, 소변이 잘 나오게 하고, 폐를 튼튼히 해
주며, 균을 없앤다. 기침이나 가래가 심할 때, 천식, 소변이 잘 안 나
올 때 약으로 처방한다.

　민간에서는 심한 기침이나 천식, 소변이 잘 안 나올 때, 유방염에
사용한다.

어린순
꽃 | 뿌리

096 약식

삽주 *Atractylodes japonica*

- 국화과 여러해살이풀
- 분포지 : 전국 산지 양지
- 개화기 : 7~9월
- 결실기 : 10월
- 채취기 : 봄(어린잎), 봄·가을·늦가을(뿌리)

::별　명 : 창출(蒼朮), 천생출(天生朮), 동출(冬朮), 산출(山朮), 선출(仙朮), 산연(山蓮), 천정, 산강, 산정, 생백출(生白朮), 생창출(生蒼朮), 관창출(關蒼朮), 화창출(和蒼朮), 관동창출(關東蒼朮), 창두채(蒼頭菜), 북창출(北蒼朮)

::생약명 : 창출(蒼朮), 백출(白朮)

::유　래 : 약재 이름인 '창출'로도 많이 알려져 있다.

■■ 생태

　높이 30~100cm. 뿌리는 깊이 박히지 않고 옆으로 퍼져 나가며 굵게 덩어리가 진다. 줄기는 곧게 서며, 위쪽에서 몇 가지로 갈라진다. 잎은 타원형 또는 토란모양이며, 표면에 윤기가 나고, 잎 가장자리에 가시 같은 잔털이 있다. 꽃은 7~9월에 하양 또는 붉은색으로 피는데, 아주 작은 꽃들이 한데 모여 달린다. 열매는 10월에 딱딱하게 여문다. 열매 겉껍질에 털이 있어 동물털에 붙어 전파한다.

＊유사종 _ 참삽주, 가는잎삽주

뿌리

잎
꽃(작은 사진)

■■ 효능

한방에서는 묵은 뿌리줄기를 창출(蒼朮), 껍질 벗긴 것을 백출(白朮)이라고 한다. 위장과 비장을 튼튼하게 하고, 신장을 따뜻하게 하며, 피로와 갈증을 없애고, 땀과 소변이 잘 나오게 하며, 몸 속의 독과 통증을 없앤다. 그 중에서도 창출은 몸의 습한 기운을 말려주어 비만에 좋으며, 백출은 비장과 위를 튼튼히 하는 데 뛰어나다. 위염, 장염, 방광염, 소화가 안 되고 입맛이 없을 때, 몸이 차거나 부었을 때, 신경통, 심한 감기, 체했을 때, 어지럽고 온몸이 무기력하고 아플 때, 밤눈이 어두울 때 약으로 처방하며, 강장제로도 사용한다. 비타민 A가 풍부하다.

민간에서는 위장병, 당뇨, 관절통, 설사나 구토, 감기가 심하여 온몸이 으슬으슬 춥고 열이 날 때, 더위를 먹어 기운이 없을 때, 위에 가스가 찰 때, 변이나 소변이 잘 안 나올 때, 식은땀이 날 때, 복통과 설사, 천식이 심하여 기침과 가래가 끓을 때, 밤눈이 어두울 때 사용한다.

엉겅퀴 *Cirsium japonicum var. ussuriense*

- ■ 국화과 여러해살이풀　　　■ 분포지 : 전국 산과 들
- ✿ 개화기 : 7~10월　　🌱 결실기 : 8~9월
- 🔧 채취기 : 봄(어린잎), 여름~가을(줄기 · 뿌리), 가을(열매)

::별　명 : 가시나물, 장군초(將軍草), 야홍화(野紅花), 자계채(刺薊菜), 항가새
::생약명 : 소계(小薊), 대계(大薊)
::유　래 : 피를 엉기게 하여 출혈을 멈추게 하는 효과가 있다고 해서 '엉겅퀴' 라고 부른다.

■■ 생태

높이 50~100cm. 뿌리는 노랗고 굵으며, 땅 속 깊이 내린다. 생명력도 매우 강하다. 줄기는 곧게 서고, 몸 전체에 하얀 털과 거친 가시가 있다. 잎은 매우 두툼하며, 잎자루가 없고, 긴 타원형에 창날처럼 여러 갈래로 갈라지며, 잎 끝마다 굵은 가시가 있어 찔리면 아프다. 꽃은 7~10월에 분홍색이나 붉은색으로 핀다. 다른 꽃들과는 달리 꽃에서 끈적끈적한 점액이 묻어난다. 열매는 8~9월에 익는데, 낙하산처럼 생긴 갓털이 붙어 있어 바람에 날려 멀리 번식한다.

＊유사종 _ 지느러미엉겅퀴, 뻐꾹채, 산비장이

어린순 | 뿌리

전체 모습
꽃

■■■효능

　한방에서는 뿌리가 작은 것을 소계(小薊), 큰 것을 대계(大薊)라
고 한다. 피를 멎게 하고, 열을 내리며, 독을 풀고, 어혈을 삭히며,
염증을 가라앉히고, 균을 없애며, 피를 맑게 하고, 소변이 잘 나오
게 하며, 양기를 북돋운다. 폐·장·자궁의 출혈, 어혈, 폐결핵으로
피를 토할 때, 관절염, 위염, 장염, 고혈압에 약으로 처방한다. 비타
민과 단백질이 풍부한 건강식품이다.

　민간에서는 간질환, 산후 부기, 위염, 잦은 구토, 양기 부족, 소변
이 안 나올 때, 유방염, 치질로 아플 때, 피부염, 여성의 하혈, 뼈마
디가 아프거나 온몸이 쑤실 때 사용한다.

약 식 엉겅퀴 유사종

지느러미엉겅퀴 *Carduus crispus*

- 국화과 두해살이풀
- 분포지 : 전국 마을 근처
- 개화기 : 5~10월
- 결실기 : 11월
- 채취기 : 봄(어린잎), 여름~가을(줄기·뿌리), 가을(열매)

::별　　명 : 엉거시
::생약명 : 비렴(飛廉)
::유　　래 : 줄기에 달린 큰 가시가 지느러미처럼 보인다고 하여 붙여진 이름이다.

■■ 생태

높이 70~100cm. 드문드문 나 있는 엉겅퀴와는 달리 군락을 지어 자란다. 줄기는 곧게 뻗고 가지가 많이 갈라지며, 몸 전체에 엉겅퀴 가시의 2배쯤 되는 큰 가시가 수없이 붙어 있다. 잎은 엉겅퀴 잎보다 작고 여러 갈래로 갈라진다. 꽃은 5~10월에 작은 붉은 자주색 꽃이 모여서 달린다. 열매는 11월에 여문다.

■■ 효능

한방에서는 뿌리를 비렴(飛廉)이라고 한다. 피가 멎고, 풍을 없애며, 양기를 북돋우고, 소변을 잘 나오게 한다. 출혈, 풍, 신경 쇠약, 어혈을 내보낼 때, 폐렴, 심한 기침 감기에 약으로 처방한다.

민간에서는 감기, 관절이 쑤시고 아플 때, 요도염, 소변 보기 힘들 때, 타박상, 어혈을 풀 때, 파상풍, 풍이 왔을 때, 화상, 피부 가려움증 등에 사용한다.

뿌리
꽃

245

산비장이 *Serratula coronata var. insularis*

■ 국화과 여러해살이풀　　■ 분포지 : 전국 산지
🌺 개화기 : 7~10월　　🌰 결실기 : 10~11월
✂ 채취기 : 봄(어린잎), 여름~가을(줄기 · 뿌리)

::별　　명 : 조선마화두
::생약명 : 위니호채(僞泥胡菜)
::유　　래 : 꽃술이 갈고리처럼 휘어 있어 산을 지키는 비장(조선의 무관)과 같다고 해서 붙여진 이름이다.

■■ **생태**

　높이 30~140cm. 뿌리줄기가 단단하고 땅 속 깊이 들어가지 않으며, 줄기는 곧게 자란다. 잎은 쌍잎으로 마주 달리고, 어릴 때는 잎이 부드럽고 한쪽 방향으로 기울어져 자라며, 가지도 많이 번창하지 않는다. 꽃대가 길게 자라나 7~10월에 연한 붉은 자주색 꽃이 하늘을 향해 피는데, 꽃털이 부드러우며 향이 없다. 꽃술 끝은 갈고리처럼 둥글게 휘어진다. 열매는 10~11월에 여문다.

■■ **효능**

　한방에서는 뿌리를 위니호채(僞泥胡菜)라고 한다. 엉겅퀴 대용으로 처방한다.
　민간에서는 치질, 심한 생리통에 사용한다.

잎 | 꽃
뿌리
어린순

참당귀 *Angelica gigas*

■ 미나리과 여러해살이풀　　■ 분포지 : 남부, 중부(경북 북부)
❀ 개화기 : 8~9월　🌙 결실기 : 10월
✂ 채취기 : 봄(어린잎), 여름(잎), 가을~초봄(줄기 · 뿌리)

::별　명: 신감초, 승검초, 숭엄초, 승암초, 신감채, 전당귀(全當歸), 서
　　　　　당귀(西當歸), 대당귀(大當歸), 조선당귀(朝鮮當歸), 일당귀(日
　　　　　當歸)
::생약명: 당귀(當歸), 토당귀(土當歸)
::유　래: 옛날 중국에서 아녀자들이 전쟁터에 나가는 남편에게 이 식
　　　　　물의 잎을 품에 넣어주면서 당연히(當) 돌아올(歸) 것을 기약
　　　　　했다고 해서 붙여진 이름이다. 왜당귀보다 약효가 뛰어난
　　　　　진짜 당귀라 하여 '참당귀'라고도 한다. 달고 매운 맛이 있
　　　　　다는 신감초에서 유래하여 '승검초'라고 부르기도 한다.

▪▪ 생태

　높이 1~2m. 식물 전체에 털이 없고 아주 매끄럽다. 줄기 · 뿌
리 · 열매 등 식물 전체에서 똑같은 향이 난다. 뿌리는 굵고, 꺾으면
하얀 유즙이 나온다. 가을이면 뿌리에 심이 생겨 약으로 사용할 수
없으며, 이듬해 봄에 새순이 나오면 뿌리에 심이 없어진다. 줄기는
곧고, 가을에 연초록색에서 자주색으로 바뀐다. 잎은 아주 크고 넓
으며, 가장자리에 불규칙한 모양의 톱니가 있다. 잎은 줄기에 어긋
나고, 1장의 잎에서 여러 갈래로 갈라진다. 꽃은 8~9월에 자주색으
로 피는데, 원줄기가 곧게 올라와 가지 끝에 20~40송이의 꽃이 빽
빽이 뭉쳐 달린다. 열매는 10월에 자주색으로 여물며, 널따란 날개
가 달려 있다. 씨앗은 그 이듬해에 파종하고, 비교적 잘 자란다.

꽃

■■ 효능

　한방에서는 뿌리를 당귀(當歸)라고 한다. 심장 · 담 · 자궁을 보호
하고, 혈액 순환과 신진 대사를 도와 몸을 따뜻하게 하며, 피를 맑
게 하고, 피부가 윤택해지며, 마음을 안정시키고, 통증을 없앤다.
몸이 차고 허할 때, 여성 질환, 불면증, 성기능 회복에 약으로 처방
한다. 비타민 C와 미네랄이 풍부하다.

　민간에서는 여성 질환, 산후에 아랫배가 아플 때, 생리불순, 온몸
이 아플 때, 빈혈, 빈혈로 인해 얼굴이 창백할 때, 변비, 불면증, 심
한 신경통, 위장병으로 인한 통증 등에 사용한다.

🔊 주의사항

　뿌리에는 기름 성분이 있어 썩거나 벌레가 먹기 쉬우므로 반드시 건조한 곳에
보관해야 한다.

뿌리
열매

왜당귀 *Ligusticum acutilobum*

■ 미나리과 여러해살이풀　　■ 분포지 : 전국 농가에서 재배
🌸 개화기 : 8~9월　🌰 결실기 : 10월
🍃 채취기 : 봄(어린순), 가을~초봄(줄기 · 뿌리)

::별　명 : 일당귀(日當歸)
::유　래 : 일본에서 건너왔다고 하여 붙여진 이름이다.

■■■ 생태

높이 60~90cm. 몸체에서 참당귀와 같은 향이 나고 모양도 비슷하지만, 뿌리를 잘라보면 좋지 않은 냄새가 난다. 잎은 참당귀와는 달리 아주 좁고, 가장자리에 난 톱니모양이 일정하며, 잎이 나는 곳이 불그스름하다. 꽃은 8~9월에 하얗게 핀다. 열매는 10월에 타원형으로 여문다.

■■■ 효능

한방에서는 뿌리를 일당귀(日當歸)라고 한다. 어혈을 풀고, 새 피를 만들며, 통증을 없애고, 고름을 배출하며, 피를 멎게 하고, 열을 내리며, 양기를 북돋운다. 몸이 허할 때, 생리불순, 뼈마디가 아프고 찰 때, 몸이나 머리가 아플 때, 열이 날 때 약으로 처방한다.

민간에서는 참당귀 대신으로 사용하는데, 약효는 참당귀가 훨씬 뛰어나다.

어린순

뿌리
열매
꽃

바디나물 *Angelica decursiva*

■ 미나리과 여러해살이풀　　■ 분포지 : 산과 들의 구릉
❀ 개화기 : 8~9월　🌱 결실기 : 10월
🔪 채취기 : 봄(어린순), 가을~초봄(줄기 · 뿌리)

::별　명: 독경근(獨梗芹), 사향채(射香菜), 압파근(鴨巴芹), 사약채, 바
　　　　디, 개당귀, 가막사리(경상도)
::생약명: 전호(前胡)
::유　래: 씨앗에 난 줄무늬가 바디(베를 짤 때 날실을 묶는 기구)를 닮았
　　　　다고 해서 붙여진 이름이다. '가막사리'라는 식물이 따로 있
　　　　지만, 경상도에서는 바디나물을 가막사리라 부르기도 한다.

■■ 생태

　높이 80~150cm. 참당귀와는 달리 메마른 땅에서도 나며 몸체와
뿌리에 향이 없다. 어릴 때는 잎과 꽃이 당귀와 똑같지만, 줄기를
살펴보면 붉은 문양이 있고, 잎과 줄기가 함께 자라는 참당귀와는
달리 자랄수록 줄기만 길게 올라온다. 잎은 두툼하고, 위쪽의 잎은
퇴화하여 호리병 모양이며 자줏빛이다. 참당귀와는 달리 꽃은 8~9
월에 자주색 작은 꽃들이 모여 우산처럼 펼쳐져서 달린다. 열매는
10월에 평평한 타원형으로 여물고, 주변에 날개가 달려 있다.

어린순

잎 | 뿌리

■■효능

한방에서는 뿌리를 전호(前胡)라고 한다. 위로 치솟는 기운을 잡아서 열을 내리고, 몸 속의 독과 풍기를 없애며, 통증을 없애고, 가래와 염증을 삭히며, 기력을 돋운다. 기관지염, 관절염, 신경 쇠약, 당뇨, 머리가 아프고 열이 날 때, 심한 기침 감기, 가래가 나올 때, 통증을 다스릴 때, 위를 튼튼히 할 때, 소변을 잘 나오게 할 때 약으로 처방한다. 사포닌이 들어 있어 건강식품으로 먹으면 좋다.

민간에서는 병후에 몸이 쇠약할 때, 당뇨, 구역질, 입덧, 감기로 인한 심한 기침과 가래, 머리에 열이 나고 아플 때, 몸이 뜨겁고 가슴이 답답할 때, 복통, 기관지염, 관절염에 사용한다.

꽃봉오리 | 꽃

궁궁이 *Angelica polymorpha*

- 미나리과 여러해살이풀　■ 분포지 : 전국 산 속 계곡가
- 개화기 : 8~9월　결실기 : 10월
- 채취기 : 봄(어린잎), 여름~가을(줄기 · 잎), 늦가을(뿌리)

::별　명 : 토천궁, 천궁, 백봉천궁
::생약명 : 천궁(川芎)
::유　래 : 중국 사천성에서 나는 궁궁이가 가장 좋다고 하여 '천궁' 이
　　　　라고도 부른다.

■■ 생태

　높이 80~150cm. 뿌리는 굵고, 줄기는 자주색으로 가늘고 곧게
선다. 잎은 자잘하고 1개의 잎자루에 여러 잎줄기가 달려 3갈래로
갈라진다. 잎 가장자리에 깊은 톱니가 있다. 꽃대는 길게 올라와 가
지마다 곁가지를 뻗는데, 처음에는 곁가지가 난 마디마다 넓은 잎
이 감싸고 있지만 자라면서 밑으로 처진다. 꽃은 8~9월에 자잘한
하얀 꽃들이 모여 우산처럼 펼쳐져 피고, 여러 꽃대가 동시에 올라
온다. 열매는 납작한 타원형으로 10월에 여물고, 주변에 날개가 달
려 있다.

*유사종 _ 바디나물, 참당귀, 잔잎바디, 개구릿대, 애기바디, 신선초. 신선
　　초는 농가에서 재배하는 식물로 미나리처럼 신선한 냄새가 난다
　　고 해서 붙여진 이름이다.

뿌리 | 잎

꽃

■■효능

　한방에서는 뿌리줄기를 천궁(川芎)이라고 한다. 장을 튼튼히 하
고, 몸을 보하며, 혈압을 내리고, 자궁을 수축시키며, 경련을 가라
앉히고, 마음을 안정시키며, 통증과 균을 없앤다. 생리불순, 여성
질환, 산후 회복이 늦거나 출혈이 계속될 때, 통증을 가라앉힐 때
약으로 처방한다. 비타민 E와 미네랄이 풍부한 건강식품이다.
　민간에서는 산후 몸조리, 생리불순, 심한 생리통, 몸이 피로하고
잠이 오지 않을 때, 위장이 안 좋아 입냄새가 날 때, 신경이 날카롭
고 머리가 아플 때, 티눈, 사마귀 등에 사용한다.

어수리 *Heracleum moellendorffii*

■ 미나리과 여러해살이풀   ■ 분포지 : 전국 깊은 산
🌸 개화기 : 7~8월   💧 결실기 : 9월
🔪 채취기 : 봄(어린순), 5월 이전(뿌리)

::별 명 : 어너리, 단모백지, 백지
::생약명 : 단모독활(端毛獨活), 토당귀(土當歸)
::유 래 : 다른 말로 '어너리' 라고도 부른다.

■■ 생태

70~150cm. 뿌리는 길고, 잔뿌리가 적다. 줄기는 곧고 길게 올라
오며 속이 비어 있다. 잎은 길쭉하고, 잎 가장자리에 들쭉날쭉한 톱
니가 있다. 꽃은 7~8월에 작은 꽃들이 모인 꽃송이가 한꺼번에 여
러 송이 달린다. 열매는 9월에 맺힌다.

잎

꽃

■■■**효능**

한방에서는 뿌리를 단모독활(端毛獨活), 토당귀(土當歸)라고 한
다. 신장과 담을 유익하게 하고, 풍과 통증을 없앤다. 고혈압, 몸에
난 종기, 심한 감기 몸살, 두통에 약으로 처방한다. 항산화 효소가
들어 있어 노화 방지에 도움이 된다.

민간에서는 위장병, 피부가 가렵거나 종기가 났을 때, 감기에 걸
려 머리에 열이 나고 아플 때, 온몸이 쑤시고 아플 때, 당뇨 등에 사
용한다.

뿌리

백작약 *Paeonia japonica*

■ 미나리아재비과 여러해살이풀 ■ 분포지 : 전국 깊은 산
✿ 개화기 : 5~6월 🌰 결실기 : 8~10월
✂ 채취기 : 봄(어린잎), 늦봄~초여름(꽃), 가을(뿌리)

::별　명 : 강작약
::생약명 : 백작약(百芍藥)
::유　래 : 하얀 꽃이 피는 작약이라 하여 붙여진 이름이다.

■■ 생태

　높이 40~50cm. 뿌리는 굵은 육질의 덩어리 뿌리이다. 뿌리 밑부분이 비늘 같은 잎으로 쌓여 있고, 잔뿌리가 많으며 옆으로 퍼진다. 줄기는 곧게 자라는데, 작약류는 겨울에 원줄기가 시들면 땅 속 바로 옆에 새 촉이 나와 긴 겨울 동안 동면하고, 봄에 다시 깨어날 만큼 생명력이 강하다. 이 때 뿌리덩이가 작은 것은 새순만 올라오고 다음해부터 꽃이 피며, 뿌리덩이가 큰 것은 새순과 함께 꽃봉오리가 올라와 꽃을 피운다. 잎은 3~4장이 어긋나고, 긴 타원형에 감촉이 매끄러우며, 앞면은 초록색이나 뒷면은 약간 하얀 빛이 난다.

　꽃은 5~6월에 하늘을 향해 백색으로 핀다. 주로 한 줄기에 하얀 꽃이 1송이만 피지만 덩어리 뿌리에 따라 3~4송이가 피는 것도 있다. 아침에 피었다가 밤에 오므라들기를 반복한다. 꽃의 자태가 고귀하고 향기가 매우 뛰어나 백작약을 따라올 꽃이 없을 정도이다. 특히 방에서 백작약을 키우면 향기가 오래 가고 마음이 차분해지며, 신혼방에 놓아두면 사랑하고픈 마음이 생긴다는 야생화이다. 열매는 8~10월에 2~4개 정도 붉게 맺힌다.

꽃 | 어린순

잎과 열매

■■■효능

한방에서는 뿌리를 백작약(百芍藥)이라고 한다. 통증을 없애고, 열을 내리며, 경기를 가라앉히고, 소변이 잘 나오게 하며, 피를 보충해준다. 〈동의보감〉에도 "눈병에도 효과가 있으며 눈을 밝게 하는 작용도 한다"고 하였다. 생리불순, 생리통, 소화가 안 되어 배가 아플 때, 두통, 몸이 허하고 식은땀이 날 때, 빈혈, 저혈압, 당뇨에 약으로 처방하며 보약재로도 사용한다.

민간에서는 여성 질환, 음식을 잘못 먹어 배가 아프거나 소화가

안 될 때, 어지럽고 머리가 아플 때, 당뇨, 관절통, 관절염, 베인 상처, 감기 등에 사용한다.

뿌리

작약 _Paeonia lactiflora_

■ 미나리아재비과 여러해살이풀 ■ 분포지 : 전국 산지
🌡 개화기 : 5~6월 🔥 결실기 : 8월 ✂ 채취기 : 늦봄(꽃), 가을(뿌리)

::별 명 : 자약
::생약명 : 적작약(赤芍藥)
::유 래 : 가슴이나 배에 발작적 통증이 있는 병을 적(癪)이라고 하는
         데, 그 적을 고치는 약(藥)으로 쓰는 함박꽃(芍)이라 하여 붙
         여진 이름이다.

■■ 생태

　높이 50~80cm. 주로 농가에서 재배한다. 뿌리는 덩어리가 원기
둥형으로 굵고 길며, 산작약에 비해 크고 땅 속 깊이 내려간다. 원
줄기는 곧게 자라며 여러 개가 함께 올라온다. 잎모양도 조금 달라
서 피침형이나 타원형이며, 표면이 짙은 초록색이고 가장자리가
밋밋하다. 꽃은 5~6월에 주로 큰 꽃이 붉게 피며 줄기 끝에 1송이
씩 달린다. 열매는 8월에 여무는데, 줄기가 많아 열매가 많이 맺히
고, 씨방도 백작약과는 달리 2배나 크다. 겨울에는 줄기가 말라버
리고 봄에 뿌리에서 새싹이 돋아난다. 재배할 때는 뿌리를 나누어
옮겨 심는다.

전체 모습 | 꽃

뿌리 | 열매

■■■효능

한방에서는 뿌리를 적작약(赤芍藥)이라고 한다. 통증을 없애고, 열과 경기를 가라앉히며, 땀이 나지 않게 하고, 피를 잘 돌게 하며, 소변이 잘 나오게 한다. 여성 질환, 배가 아프고 설사, 생리혈이 계속해서 나올 때, 식은땀이 쏟아질 때, 몸이 허할 때 약으로 처방한다.

민간에서는 생리불순, 산후 몸살, 열이나 식은땀이 날 때, 눈의 충혈, 몸이 허할 때, 아이의 경기 등에 사용한다.

어린순

산삼

- 두릅나무과 여러해살이풀   ■ 분포지 : 전국 깊은 산 속
- 개화기 : 4~6월   결실기 : 6~7월   채취기 : 여름~가을

:: 별   명 : 심, 심메
:: 생약명 : 산삼(山蔘), 야생삼
:: 유   래 : 산 속에서 자연적으로 자라는 삼이라 하여 붙여진 이름이다.

■■ 생태

높이 약 50cm. 나무가 크고 주변에 풀이 없으며 토질이 밭을 갈아엎은 것처럼 부드럽고 물이 잘 빠지는 곳에서 드물게 자생하며, 생장 속도가 매우 느리다. 땅 속 깊이 들어가지 않고 옆으로 뻗기 때문에 줄기가 ㄴ자형으로 굽어져 있다. 뿌리는 매우 작고 가로로 주름살이 있으며, 질긴 잔뿌리가 있다. 뿌리 윗부분에는 나이테 같은 귀두가 있어 이것을 보고 나이를 셈한다.

줄기는 외대로 올라와 꽃대 1개를 둘러싸고 가지가 4갈래로 갈라진다. 잎은 한 줄기에 5장씩 붙는다. 이것을 4사5입이라고 부른다. 잎은 보통 큰 것 3장, 작은 것 2장이 붙으며, 잎이 3~7장까지 붙는 경우도 있다. 잎 가장자리는 톱니바퀴 모양이다. 산짐승이 줄기를 뜯어 먹거나 사람이 줄기를 따내면 휴면기에 들어가 1~2년 후에 다시 새순이 돋아나온다. 꽃은 4~5월에 연한 초록색으로 핀다. 열매는 7월에 푸른색으로 맺히며 다 익으면 붉어진다.

산삼을 캘 때는 줄기가 꺾이거나 잔뿌리가 다치지 않도록 조심한다. 잎이나 줄기를 떼어내면 산삼인지 아닌지 구별하기 힘들기 때문이다. 산삼은 2종류가 있는데, 자연적으로 생긴 것을 '천종'이라 하고, 새나 짐승이 씨앗을 먹고 배설하여 생긴 것을 '지종'이라 한다.

*유사종 _ 사람이 산에 삼씨를 심어 캐는 '장뇌삼'과 '인삼'이 있다. 장뇌삼은 산삼과는 달리 뿌리가 통통하고 귀두가 길며 줄기와 일직선을 이루어 땅 속 깊이 뻗는다.

■■효능

한방에서는 뿌리를 산삼(山蔘)이라고 한다. 예부터 죽어가는 사람을 살려내는 최고의 명약으로 알려졌다. 원기를 북돋우고, 면역력을 높이며, 몸 속 독을 없애고, 피를 생성하며, 혈압을 낮추고, 간ㆍ신장ㆍ폐를 튼튼히 하며, 노화를 막고, 추위를 타지 않게 한다. 암, 당뇨, 혈압 이상, 빈혈, 심장ㆍ폐ㆍ간 질환, 기력이 많이 떨어지거나 숨을 가쁘게 쉴 때, 양기가 떨어졌을 때 약으로 처방한다.

민간에서는 암, 간수치ㆍ당수치가 높을 때, 폐결핵, 심장 이상, 고혈압, 여성 질환, 병으로 기력이 쇠할 때, 양기 부족에도 사용한다.

🔊 주의사항

산삼은 생으로 먹는 것이 가장 좋다. 먹기 2~3일 전에 술ㆍ담배ㆍ콩ㆍ해조류ㆍ고기ㆍ커피 등을 금하고, 하루 전에는 죽을 먹어서 장을 비우는 것이 좋다. 장이 가득 찬 상태에서 산삼을 먹으면 아무 소용이 없기 때문이다. 산삼을 먹을 때는 새벽녘에 생수로 산삼을 씻어낸 후 줄기와 잎을 떼어내고, 먹기 좋은 크기로 잘라 먹는다. 이 때 쇠붙이를 사용하면 절대 안 된다. 산삼은 최대한 오래오래 씹어 먹어야만 약효 성분이 몸 속에 잘 흡수된다. 산삼을 먹은 날은 죽이나 미음으로 식사를 대신하여 흡수를 방해하지 않도록 주의한다.

뿌리 | 채취한 모습
열매

더덕 *Codonopis lanceolata*

■ 초롱꽃과 여러해살이 덩굴식물 ■ 분포지 : 전국 산 속
🌸 개화기 : 8~9월 🎵 결실기 : 9월
🌿 채취기 : 봄(어린잎), 여름~가을(뿌리)

::별   명 : 사삼(沙蔘), 백삼(白蔘), 노삼(奴蔘), 산해라(山海螺)
::생약명 : 양유(羊乳)
::유   래 : 뿌리가 두꺼비 잔등처럼 더덕더덕하다고 하여 붙여진 이름이다.

■■ 생태

   길이 2m. 뿌리는 굵은 덩이이다. 줄기나 뿌리를 꺾으면 특유의
향이 나고, 하얀 점액이 나온다. 잎은 긴 타원형으로 마주나는데 겉
은 초록색, 뒷면은 회색빛이 나는 백색이며, 잎 주위가 매끈하다.
꽃은 8~9월에 종모양의 꽃이 아래를 향해 도르르 말려서 핀다. 꽃
잎의 겉면은 연초록, 안쪽에는 자주색 반점이 있다. 열매는 9월에
여문다.

   숲이 우거지면 더덕 줄기가 가늘어지고 뿌리가 작아지는데, 이
는 숲이 울창해지면 산소동화작용을 하지 못하여 뿌리가 녹아버리
기 때문이다. 간혹 붉은 뿌리가 발견되는데 다른 종보다 향미와 약
효가 뛰어나다. 자연산 더덕은 1년에 촉이 1~2개씩 올라오는데,
몸체에 비해 귀두(목)가 길게 자란다. 귀두는 나이테처럼 1년에 1개
씩 올라오며 억세어서 먹을 수 없다. 뿌리에는 잔털이 많으며, 향이
강하고, 맛이 쓰다. 재배용 더덕은 몸체가 굵고 잔뿌리도 굵으며,
귀두가 매우 짧다. 향기는 자연산보다 약하고, 쓴맛도 덜하다. 중국
산 더덕은 향이 적고, 심이 있으며, 가로로 주름골이 깊다.

*유사종 _ 홍더덕, 만삼, 소경불알

줄기
어린순 | 열매

꽃과 열매

■■ 효능

한방에서는 뿌리를 양유(羊乳, 흰즙이 양젖과 비슷하다)라고 한다.
폐의 열을 내리고, 기운을 보하며, 신장·비장이 강해지고, 염증을
삭히며, 가래와 기침이 멈추고, 양기를 북돋운다. 〈동의보감〉에서
도 "중기와 폐를 보하는 약으로서 고름을 빼고 부은 것을 내리게
하며 해독작용을 한다"고 하였다. 폐결핵, 폐렴, 독감이나 천식으로
인한 심한 기침과 가래, 기관지염, 유방염에 약으로 처방한다. 사포
닌이 함유된 건강식품이다.

민간에서는 폐결핵, 기관지나 목의 염증, 유방염, 심한 기침 감
기, 산모의 젖이 부족할 때, 소변이 붉을 때, 종기가 나서 아플 때,
뱀이나 독충에 물렸을 때 사용한다.

뿌리 | 채취한 뿌리

붉은더덕

■ 초롱꽃과 여러해살이 덩굴식물　■ 분포지 : 전국 산 속
🌸 개화기 : 8~9월　🫛 결실기 : 9월　🌿 채취기 : 여름~가을(뿌리)

:: 별　명 : 홍더덕
:: 생약명 : 양유(羊乳)
:: 유　래 : 뿌리가 붉어서 붙여진 이름이다.

■■생태

　길이 2m. 뿌리는 더덕처럼 굵은 덩이이며, 붉고 잔뿌리가 적다.
잎과 줄기는 더덕과 똑같으나 어릴 때는 잎이 더덕보다 좁고, 끝이
뾰족하다. 꽃은 8~9월에 연초록으로 핀다. 열매는 9월에 여문다.

■■효능

　한방에서는 뿌리를 양유(羊乳)라고 한다. 더덕과 같이 뿌리를 그
늘에 말려 사용한다.

뿌리

소경불알 *Codonopsis ussuriensis*

■ 초롱꽃과 여러해살이 덩굴식물　■ 분포지 : 전국 산지
❀ 개화기 : 7~9월　🌰 결실기 : 9월　🪓 채취기 : 여름~가을(뿌리)

::별　명 : 작반당삼
::유　래 : 꽃줄기가 구불구불 엉겨 있는 것이 소경이 여인의 몸에서
　　　　 헤매는 것 같다고 하여 '소경불알' 이라 부른다.

■■ **생태**

　길이 3m. 뿌리를 캐보면 더덕과는 달리 길지 않고 둥그스름하
며, 겉에 잔뿌리가 드문드문 있다. 줄기는 가늘며 털이 있다. 잎은
긴 타원형으로 뒷면이 더덕처럼 하얗지 않다. 꽃은 7~9월에 종모
양으로 붉게 피고 아래쪽을 향해 달린다.

■■ **효능**

　한방에서는 뿌리를 작반당삼이라고 한다. 심장과 폐를 건강하게
한다. 천식, 편도선염, 양기를 북돋울 때 약으로 처방한다.
　민간에서는 심장이 약할 때, 기관지염, 빈혈로 어지럽거나 몸이
허할 때 사용한다.

잎
뿌리

271

111 약 식

도라지 *Platycodon grandiflorum*

■ 초롱꽃과 여러해살이풀   ■ 분포지 : 전국 산과 들
🌸 개화기 : 7~9월   💧 결실기 : 10월
🔪 채취기 : 봄~여름(줄기·잎), 봄·가을(뿌리)

::별　명 : 도랏, 길경채(桔梗菜), 백약(百藥), 질경, 산도라지, 대약(大藥), 백도라지, 명엽채(明葉菜), 고길경(苦桔梗), 도랍기(道拉基), 사엽채(四葉菜), 화상도(和尙頭), 경초(梗草)
::생약명 : 길경(桔梗)
::유　래 : 돌밭에서 돋아났다(아지)고 하여 붙여진 이름이다.

■■ 생태

　높이 40~100cm. 뿌리는 매끈하고 크다. 줄기는 외대로 길게 올라오고 꺾으면 하얀 점액이 나온다. 잎은 긴 달걀형으로 빙 둘러나거나 어긋나며, 잎 가장자리에 날카로운 톱니가 있고, 뒷면은 하얗다. 꽃은 7~9월에 원줄기 끝에 종모양의 자주색 꽃이 1송이 또는 여러 송이가 모여 하늘을 향해 달린다. 하얀 꽃이 피는 백도라지는 재배용이 많고 산에서는 거의 볼 수 없다. 열매는 10월에 여문다.

잎

꽃 | 전체 모습

■■■ 효능

한방에서는 뿌리를 길경(桔梗)이라고 한다. 위와 심장이 튼튼해지고, 가래와 염증을 없애며, 열을 내리고, 통증을 가라앉힌다. 기관지나 편도선이 아플 때, 천식이나 감기로 인한 심한 기침과 가래, 설사, 술독을 풀 때, 심장이 약할 때 약으로 처방한다. 섬유질, 칼슘, 철분, 사포닌을 함유하고 있다.

민간에서는 심한 기침 감기, 천식, 결핵, 기관지염, 위가 약하여 소화가 안 될 때, 심한 생리통, 불면증, 기침 감기로 목이 아플 때, 치질에 사용한다.

◀) 주의사항

도라지 뿌리에는 독성이 있으므로 너무 많이 먹으면 좋지 않다.

어린순 | 뿌리

273

잔대

Adenophora triphylla var. japonica Hara

- ■ 초롱꽃과 여러해살이풀
- ■ 분포지 : 전국 산지
- 🌸 개화기 : 7~8월
- 🍒 결실기 : 10월
- ✂ 채취기 : 봄(어린잎), 여름~가을(뿌리)

::별　　명 : 사삼(沙蔘), 딱주, 제니(薺), 양유(羊乳), 윤엽사삼(輪葉沙蔘),
　　　　　　 백마육(白馬肉), 남사삼(南沙蔘), 층층잔대
::생약명 : 사삼(沙蔘)
::유　　래 : 모래땅(沙)에서 잘 자란다고 해서 '사삼' 이라고도 부른다.

■■ 생태

　높이 70~120cm. 뿌리는 도라지와 똑같이 생겼으나 거친 겉껍질이 많고, 속살은 아주 희며 껍질을 벗기면 하얀 점액이 나온다. 몸 전체에는 잔털이 있다. 잎은 긴 타원형 또는 다원형이며, 잎 가장자리에 톱니가 있다. 꽃은 7~8월에 연보라색 작은 종모양으로 아래를 향해 달린다. 잔대는 2종류가 있는데, 한 종은 마디마다 잎이 5장씩 빙 둘러나고, 마디마다 긴 꽃대가 빙 둘러나와 꽃이 핀다. 또 다른 한 종은 잎이 엇갈리게 나고, 꽃대도 어긋나게 나오며, 마디마다 꽃이 1송이씩 핀다. 열매는 10월에 여문다.

*유사종 _ 둥근잔대, 넓은잔대, 왕잔대, 두메잔대, 나리잔대, 진페리잔대,
　　　　 털잔대, 당잔대

전체 모습

열매 | 어린순
뿌리

■■■효능

　한방에서는 뿌리를 사삼(沙蔘)이라고 한다. 위를 튼튼히 하고, 음기를 보하며, 폐를 맑게 하고, 가래와 기침을 없앤다. 기침이 오래되어 잘 낫지 않을 때, 목이 아프고 가래가 나올 때, 고혈압에 약으로 처방한다.

　민간에서는 기침 가래로 고생할 때, 목이 아프고 염증이 있을 때, 고혈압, 산후에 뼈마디가 아프거나 부인병이 있을 때 사용한다.

꽃

천마 *Gastrodia elata*

■ 난초과 여러해살이풀　　　　■ 분포지 : 전국 산지

🌸 개화기 : 7월 초순　　🌿 결실기 : 7월 중순

✂ 채취기 : 여름 · 가을(뿌리)

::별　명 : 수자해좃, 적전(赤箭)

::생약명 : 천마(天麻)

::유　래 : 하늘이 내린 마라 하여 붙여진 이름이며, 남근을 닮았다 하여 '수자해좃' 이라고도 부른다.

■■■ 생태

　높이 50~100cm. 주로 참나무 뿌리에 기생하여 자란다. 6월 중순부터 7월 중순까지 15일~1개월간 줄기가 올라오며 그 이전이나 이후에는 전혀 볼 수 없다. 뿌리는 1줄기에 1뿌리씩 붙어 있으며, 엄지손가락 굵기로 고구마처럼 생겼다. 생뿌리는 맛이 쓰고 매우며, 말린 뿌리는 소 오줌 지린내가 난다. 잎이 없는 식물로 줄기만 곧게 올라오며, 줄기 색깔은 붉은빛이 도는 갈색이다. 꽃은 7월 초순에 노란빛을 띤 백색으로 여러 송이가 한데 모여서 달린다. 열매는 달걀형으로 맺힌다.

꽃대 | 꽃

뿌리

■■■효능

한방에서는 뿌리를 천마(天麻)라고 한다. 양기를 북돋우고, 풍을 없애며, 피를 깨끗이 하고, 독을 없애며, 염증을 삭히고, 심신을 안정시키며, 경련과 두통을 없앤다. 풍으로 인한 몸의 마비, 말을 어눌하게 할 때, 관절염, 심한 두통, 현기증이 날 때 약으로 처방한다. 〈동의보감〉에서도 "모든 허와 어지러운 증세에 이것이 아니면 치료하기가 어렵다"고 하였다.

민간에서는 고혈압이나 저혈압, 풍, 당뇨, 간경화, 기력이 떨어질 때, 머리가 아프고 어지러울 때 사용한다.

줄기

277

마 *Dioscorea batatas*

■ 마과 덩굴성 여러해살이풀　■ 분포지 : 전국 산과 들
✿ 개화기 : 6~7월　🌰 결실기 : 10월
🗡 채취기 : 봄(어린잎), 가을(뿌리)

::별　명 : 산약, 산우(山芋), 서여(薯蕷)
::생약명 : 산약(山藥)
::유　래 : 산중에서 나는 약이라고 해서 '산약' 이라고도 한다.

■■ 생태

　길이 2m. 뿌리는 수직으로 깊게 들어가는데, 위쪽은 가늘고 땅속 깊이 들어갈수록 굵어진다. 줄기는 다른 식물을 감고 올라온다. 잎은 마주나고 긴 달걀형이며, 잎자루가 길다. 가끔 잎이 3장씩 돌려나는 경우도 있다. 꽃은 6~7월에 하얗게 핀다. 열매는 10월에 익는데, 씨앗에 둥근 날개가 달려 있어 바람에 날려간다.

　이듬해 봄이 되면 땅 밑에 있던 묵은 마 옆의 땅 속으로 새순이 자라나서 굵어지며 묵은 마는 소멸한다. 마의 순이 굵으면 뿌리도 굵고, 순이 가늘면 뿌리도 가늘다.

　자연산은 캐기 어려워 시장에 나오지 않으며, 간혹 시장에 나오더라도 캐는 도중에 상처가 생기거나 부서진 것이 많다. 재배용 마는 외관이 깔끔하고 뿌리가 굵다. 뿌리를 캘 때는 윗부분을 잘라 제자리에 다시 묻어놓아야 식물이 소멸하지 않는다.

＊유사종 _ 국화마

뿌리 | 열매

잎

■■효능

  한방에서는 뿌리줄기를 산약(山藥)이라고 한다. 혈관과 장을 깨끗이 하고, 위장·비장이 튼튼해지며, 폐·신장을 보호하고, 설사가 멈추며, 양기를 북돋운다. 〈동의보감〉에도 "허로와 신을 보하고 오장을 튼튼하게 하며, 기력을 돋우고 근육과 뼈를 강하게 하며, 위장을 잘 다스려 설사를 멎게 하고 정신을 편안하게 한다"고 하였다. 폐·위장이 안 좋을 때, 당뇨, 양기 부족, 기침이 나올 때 약으로 처방한다. 단백질과 필수아미노산, 사포닌이 들어 있는 건강식품이다.

  민간에서는 양기 부족, 몸이 찰 때, 허리가 아프고 소변이 잦을 때, 당뇨, 기침, 술독을 풀 때, 잔병치레를 할 때, 위궤양, 십이지장궤양, 장염, 변비와 설사, 입맛이 떨어질 때, 자양강장제, 동상, 종기나 여드름, 습진이 낫지 않을 때, 유방염 등에 사용한다.

꽃

약 마 유사종

국화마 *Dioscorea septemloba*

■ 마과 덩굴성 여러해살이풀   ■ 분포지 : 전국 산지
개화기 : 7~8월   결실기 : 10월   채취기 : 가을(뿌리)

::별　명 : 천산룡(穿山龍)
::유　래 : 잎이 국화잎처럼 생겼다고 하여 붙여진 이름이다.

■■ 생태

　길이 1~2m. 뿌리는 땅에 깊이 박히지 않고 옆으로 퍼지며, 아주 큰 생강처럼 덩어리가 지고 파랗다. 마와는 달리 줄기 안에는 딱딱한 심이 들어 있다. 잎은 손바닥모양의 심장형으로 마잎보다 두껍고 거칠다. 꽃은 7~8월에 누르스름한 꽃이 1대에 1송이씩 달린다. 열매는 10월에 타원형으로 여물며, 가장자리에 날개가 3개씩 달린다.

■■ 효능

　한방에서는 뿌리를 천산룡(穿山龍)이라고 한다. 혈압과 혈중 콜레스테롤 수치를 낮추고, 혈액 순환을 도우며, 방사선 치료의 부작용을 줄인다. 고혈압, 고지혈증, 방사선 치료를 받을 때 약으로 처방한다.

　민간에서는 타박상에 사용한다.

🔊 주의사항

국화마는 아삭아삭한 마와는 달리 속살이 딱딱하고 혀에 대면 아릿한 맛이 강하여 먹지 않는다.

꽃
잎 | 뿌리

고사리 *Pteridium aquilinum var. latiusculum*

- 고사리과 여러해살이풀
- 분포지 : 전국 산과 들의 양지
- 개화기 : 개화 X
- 결실기 : 5~6월(포자)
- 채취기 : 봄(어린순), 가을(뿌리·줄기)

::별　명: 괴살이
::생약명: 궐(蕨), 궐근(蕨根)
::유　래: 잎이 손으로 턱을 괸 모양으로 말려 있다는 뜻의 '괴살이'
　　　　에서 유래하여 붙여진 이름이다.

■■ 생태

　높이 1m. 고사리과 식물은 생장력이 왕성하여, 굵고 검은 땅속줄기가 옆으로 뻗으면서 새순이 올라온다. 줄기는 길고 곧게 자란다. 어릴 때는 몸 전체에 솜털이 있고, 짙은 갈색이며, 잎이 돌돌 말려 있다. 다 자라면 잎이 새 날개처럼 커다란 삼각형으로 퍼진다. 꽃은 피지 않으며, 5~6월에 포자가 갈색으로 여문다. 가을에 포자가 바람에 날려 번식한다.

잎

자란순 | 어린순(작은 사진)

■■효능

한방에서는 어린잎을 궐(蕨), 뿌리를 궐근(蕨根)이라고 한다. 열과 기를 내리고, 오장을 윤택하게 하며, 몸 속의 독을 풀어주고, 가래를 삭힌다. 황달, 목이 아플 때, 고열이 날 때 약으로 처방한다.

민간에서는 몸이 불같이 뜨겁고 얼굴이 누렇게 떴을 때, 목이 아프고 잠길 때, 소변이 잘 안 나올 때, 설사, 눈이 아플 때, 뱀이나 독충에 물려 아플 때 사용한다.

🔊 주의사항

칼슘과 칼륨이 풍부한 건강식품이지만 비타민을 파괴하는 성분과 발암물질이 들어 있다. 그러므로 한꺼번에 많이 먹거나 오래 먹으면 양기가 줄어들고 눈이 침침해질 수 있으므로 주의한다. 몸이 찬 사람도 피하는 것이 좋다.

뿌리 | 채취한 순

고비 *Osmunda japonica*

- 고비과 여러해살이풀
- 중남부지역의 산과 들, 숲 가장자리
- 개화기 : 개화 X
- 결실기 : 8~9월
- 채취기 : 봄(어린순), 8~9월(뿌리 · 줄기)

::별　명 : 고베기
::생약명 : 자기(紫箕)
::유　래 : 줄기가 둥글게 곱아 있다고 하여 붙여진 이름이다.

■■ 생태

높이 60~100cm. 땅속줄기는 짧고 굵은 덩어리로 되어 있다. 어릴 때는 줄기에 솜털이 붙은 채 용수철처럼 말려 있다가 자라면서 둥글게 펴지면서 솜털이 떨어지고 잎이 돋아난다. 이 때 몸이 붉은 것을 '홍고비', 푸른 것을 '청고비' 라 한다. 꽃은 피지 않으며 8~9월에 포도송이처럼 생긴 포자가 여물며, 바람에 날려 번식한다.

순

잎
뿌리(아래)

■■■ 효능

한방에서는 줄기와 뿌리를 자기(紫箕)라고 한다. 열을 내리고, 독을 없애며, 피를 맑게 하고, 출혈을 멈추며, 몸 속 기생충과 균을 없앤다. 감기로 열나고 아플 때, 몸이 뜨겁고 반점이 생겼을 때, 코피, 변에 피가 섞여 나올 때, 생리혈이 많이 나올 때, 신경통, 기생충을 구제할 때 약으로 처방한다. 비타민 A · B_2 · C와 단백질, 카로틴이 풍부하다.

민간에서는 감기 몸살로 온몸이 뜨거울 때, 목이 붓고 아플 때, 뼈마디가 쑤시고 아플 때, 풍기, 기생충 구제 등에 사용한다.

🔊 주의사항

산모나 위가 약한 사람은 먹지 않는 것이 좋다.

꿩고비 *Osmunda cinnamomea var. fokiensis*

■ 고비과 여러해살이풀　　　■ 분포지 : 중남부지역 산지의 습지

🌸 개화기 : 개화 X　　🌙 결실기 : 8~9월(포자)

✂ 채취기 : 봄~여름(어린순), 8~9월(뿌리 · 줄기)

::별　명 : 자기(紫箕)

::유　래 : 꿩 색깔을 띤 고비라고 하여 붙여진 이름이다.

■■ 생태

높이 50~80cm. 땅속줄기가 고비처럼 짧고 굵다. 자라는 모양은 고비와 비슷하여 용수철처럼 말려 있는데, 겉면에 붙은 솜털색이 누렇고 뻣뻣하다. 다 자란 잎은 고비 잎보다 자잘하다. 꽃은 피지 않으며, 8~9월에 포자가 여물어 바람에 날려 번식한다.

■■ 효능

한방에서는 줄기와 뿌리를 자기(紫箕)라고 한다. 고비 대용으로 사용한다.

어린순 | 채취한 순

뿌리
잎

앵초 *Primula sieboldii*

- ■ 앵초과 여러해살이풀　　■ 분포지 : 전국 산 속의 습지
- ❁ 개화기 : 5월말　🌰 결실기 : 8월
- ⚒ 채취기 : 봄(잎 · 줄기), 수시로(뿌리)

:: 별　　명 : 연앵초, 깨풀
:: 생약명 : 앵초근(櫻草根)
:: 유　　래 : 꽃모양이 앵두꽃을 닮았다고 하여 붙여진 이름이다.

■■ 생태

　높이 15~40cm. 군락을 지어 자란다. 뿌리는 짧게 옆으로 뻗으며, 수분만 있으면 잘 자란다. 줄기가 짧고 몸 전체에 부드럽고 하얀 털이 있다. 잎은 긴 타원형으로 두툼하며, 우글쭈글한 주름이 있다. 잎 가장자리에는 레이스처럼 톱니가 있으며, 어릴 때는 털로 덮여 있다. 꽃은 5월 말에 연자주색으로 피는데 길쭉한 심장형 꽃잎이 5장씩 통으로 붙어 있다. 열매는 8월에 둥글게 여문다.

*유사종 _ 큰앵초, 설앵초, 좀설앵초, 돌앵초

열매

어린순
꽃

■■**효능**

한방에서는 뿌리를 앵초근(櫻草根)이라고 한다. 기침을 없애고, 가래를 삭힌다. 기관지염, 천식, 기침·감기가 심하고 가래가 끓을 때 약으로 처방한다.

민간에서는 기침이 잘 낫지 않을 때, 가래가 끓어 목이 그렁그렁할 때, 피부가 가렵고 염증이 있을 때 사용한다.

뿌리

큰앵초 *Primula jesoana*

■ 앵초과 여러해살이풀
■ 분포지 : 전국 깊은 산 속의 나무그늘이나 습지
🌸 개화기 : 7~8월 🌰 결실기 : 8월
🗡 채취기 : 봄(잎 · 줄기), 수시로(뿌리)

::별   명 : 앵초근(櫻草根)
::유   래 : 잎이 큰 앵초라고 하여 붙여진 이름이다.

■■ 생태

높이 20~40cm. 줄기가 가늘고 길며, 몸체에 잔털이 있다. 잎은 앵초와 달리 둥근 손바닥모양으로 넓게 퍼지고 단단하며, 잎 가장자리에 잔 톱니가 있다. 꽃은 7~8월에 붉은빛이 나는 자주색으로 핀다. 열매는 8월에 긴 타원형으로 여문다.

■■ 효능

한방에서는 뿌리를 앵초근(櫻草根)이라고 한다. 앵초와 같이 약으로 처방한다.

민간에서는 천식, 심한 기침 가래에 사용한다.

어린순
잎

용담 *Gentiana scabra var. buergeri*

- 용담과 여러해살이풀
- 분포지 : 전국의 산과 들
- 개화기 : 7~9월
- 결실기 : 10월
- 채취기 : 가을(뿌리)

::별　명 : 초롱담, 만병초, 용담초, 과남풀
::생약명 : 용담(龍膽)
::유　래 : 뿌리가 용의 쓸개(膽)처럼 매우 쓴맛이 난다고 하여 용담이라
　　　　　 부른다. 꽃이 초롱처럼 핀다고 하여 '초롱담'이라고도 한다.

■■ 생태

　높이 20~60cm. 뿌리는 짧고 굵은 수염뿌리가 뻗어 있다. 줄기는 곧게 나고, 가는 줄이 4개 있다. 줄기에는 잎과 꽃이 마주 달리는데 잎은 가늘고 밋밋하다. 꽃은 7~9월에 줄기의 마디마디마다 청보라색 종모양의 꽃이 4~6송이씩 모여서 하늘을 향해 달린다. 줄기에 비해 꽃이 크며, 아침에는 피고 밤에는 오므라들며 비가 와도 오므라든다. 한 번 꽃이 피면 20일 이상 간다. 열매는 10월에 여문다.

*유사종 _ 비로용담, 큰구슬붕이

꽃

어린순

■■효능

한방에서는 뿌리를 용담(龍膽)이라고 한다. 간과 담의 열을 없애고, 담즙이 잘 나오게 하며, 위를 튼튼히 하고, 염증을 없애고, 배꼽 아래가 습하여 생긴 열을 없앤다. 간에 열이 있을 때, 두통이 나고 눈이 충혈될 때, 목이 아플 때, 얼굴이 누렇게 뜰 때, 열나고 설사를 할 때, 고혈압, 관절염, 소화가 안 될 때 약으로 처방한다.

민간에서는 소화불량, 얼굴이 누렇게 뜰 때, 방광염, 요도염, 두통, 귀 염증, 종기나 여드름에 사용한다.

뿌리

293

하수오 *Pleuropterus multiflorus*

■ 마디풀과 덩굴성 여러해살이풀   ■ 분포지 : 전국 야산의 풀밭
❀ 개화기 : 8~9월   ❋ 결실기 : 10월   ✎ 채취기 : 가을~겨울(뿌리)

::별　명 : 야합(夜合), 산옹(山翁), 지정(地精)
::생약명 : 하수오(何首烏)
::유　래 : 옛날 백발이 성성했던 사람이 이 풀을 먹고 머리가 검어지
　　　　　자 사람들이 "어찌(何) 머리(首)가 까마귀(烏)처럼 되었소?"
　　　　　하고 물었다고 해서 붙여진 이름이다.

■■ 생태

　　길이 1~3m. 뿌리줄기는 붉고 길쭉하며 구슬처럼 덩어리가 져
있다. 줄기도 굵다. 잎은 넓은 심장형으로 마주나고, 줄기와 잎을
꺾으면 하얀 유액이 나온다. 꽃은 8~9월에 마디마디에 긴 꽃대가
올라와 자잘한 하얀 꽃이 여러 송이 모여 팝콘처럼 달린다. 열매는
10월에 연한 갈색으로 여무는데, 씨앗에 솜털이 붙어 있어 바람에
날려 번식한다.

어린순 | 잎

꽃 | 채취한 뿌리

■■■효능

한방에서는 덩이뿌리를 하수오(何首烏)라고 한다. 간·폐·신장
을 보하고, 뼈·근육이 튼튼해지며, 장 기능이 좋아지고, 혈관에 지
방이 끼는 것을 막으며, 노화를 막아 머리카락이 검어지고, 피부를
윤택하게 한다. 〈동의보감〉에도 "성질이 따뜻하고 독이 없으며 맛
은 쓰고 떫다. 염증을 삭히고 가래와 담을 없앤다. 종기·치질·만
성피로로 몸이 마를 때, 부인의 산후병, 대하 등을 치료하고, 기와
혈을 도우며 근골을 튼튼하게 하고 골수를 충실하게 하고 머리카락
을 까맣게 하고 오래 먹으면 늙지 않는다"고 하였다. 나이 들어 심
신이 쇠약할 때, 뼈마디가 쑤시고 아플 때, 신경 쇠약, 간염, 기침 감
기가 끊이지 않을 때, 생리가 순조롭지 않을 때 약으로 처방한다.
부신피질 호르몬과 유사한 성분이 들어 있어 강장식품으로 좋다.

민간에서는 당뇨, 몸이 허하고 기력이 없을 때, 간염, 동맥경화
증, 빈혈로 어지러울 때, 흰머리가 났을 때, 병으로 머리가 쇠었을
때, 팔다리가 쑤시고 아플 때, 종기나 상처가 곪았을 때 사용한다.

박주가리 *Metaplexis japonica*

■ 박주가리과 덩굴성 여러해살이풀 ■ 분포지 : 전국 들판의 풀밭
✿ 개화기 : 7~8월 🌰 결실기 : 10월
✂ 채취기 : 봄~여름(줄기), 가을(뿌리)

:: 별　명 : 박조가리
:: 생약명 : 나마(蘿摩), 나마자(蘿摩子)
:: 유　래 : 열매가 익으면 겉껍질이 반으로 쪼개지는데 그 모양이 마치 쪼
　　　　　 갠 박과 같다고 해서 '박조가리' 또는 '박주가리' 라고 부른다.

■■ 생태

　길이 3m. 하수오와는 달리 뿌리는 굵지 않고 빈약하다. 줄기는 굵으며 하수오처럼 이웃나무를 감아 올라간다. 잎은 커다란 심장형이고, 줄기와 잎을 따면 하얀 유액이 나온다. 꽃은 7~8월에 연한 자주색으로 피고, 꽃송이 안에 미세한 솜털이 붙어 있다. 열매는 하수오처럼 울퉁불퉁한 사마귀가 난 오이처럼 생기고, 다 여물면 껍질이 2갈래로 벌어져 속에 기다란 명주실 같은 씨들이 촘촘히 붙어 있다. 이 씨들이 바람에 날려 번식한다.

열매

꽃
줄기

■■■효능

한방에서는 뿌리를 나마(蘿摩), 열매를 나마자(蘿摩子)라고 한다.
정기를 보하고, 폐를 맑게 하며, 젖이 잘 나오게 하고, 염증을 없애
며, 독을 풀고, 피를 멎게 한다. 폐결핵으로 몸이 극심하게 피로할
때, 심한 기침과 가래, 경기, 산모의 젖이 잘 안 나올 때 약으로 처방
한다.

민간에서는 몸이 허할 때, 폐결핵, 기침과 가래가 낫지 않을 때,
사마귀나 종기, 피부 발진, 뱀이나 벌레에 물렸을 때 사용한다.

◀》 주의사항

독성이 있어 나물로 먹지 않는다.

칡 *Pueraria thunbergiana*

- ■ 콩과 잎지는 덩굴나무
- ■ 분포지 : 전국 산기슭의 양지
- 개화기 : 8월
- 결실기 : 9~10월
- 채취기 : 여름(꽃), 겨울(뿌리)

::별 명 : 질기, 칡덩굴, 츩덩굴
::생약명 : 갈근(葛根)
::유 래 : 줄기가 워낙 질기다 하여 '질기' 라고 부르다가 세월이 흐르
        면서 '칡' 으로 불려졌다.

■■■생태

길이 20m. 뿌리가 굵고 질기며 땅 속 깊이 박혀 있다. 줄기는 덩굴성으로 다른 나무를 감아 올라가는데 심하면 다른 나무를 말라 죽게 한다. 줄기껍질은 짙은 갈색이며, 겉면에 털이 잔뜩 있다. 잎은 큼직한 달걀형으로 3장씩 붙어 난다. 꽃은 8월에 붉은빛이 나는 자주색으로 긴 꽃대 끝에 꽃들이 하늘을 향해 모여 달린다. 열매는 9~10월에 콩꼬투리처럼 생긴 열매가 여문다.

뿌리는 겨울에만 캐는데, 토질이 좋은 곳에는 전분이 많은 가루 칡이 나고, 토질이 나쁜 곳에는 전분이 적은 나무칡이 난다.

꽃 | 어린순

잎
뿌리 | 줄기

■■■효능

한방에서는 뿌리를 갈근(葛根)이라고 한다. 열을 내리고, 땀이 나게 하며, 갈증을 풀어주고, 술독을 풀어준다. 〈동의보감〉에서는 "허해서 나는 갈증은 칡뿌리가 아니면 멈출 수 없다. 술로 인해서 생긴 병이나 갈증에 쓰면 아주 좋다"고 하였다. 간질환, 혈압이 높고 머리가 아플 때, 열이 심하게 날 때, 설사를 할 때 약으로 처방한다. 비타민 C, 탄수화물, 무기질이 풍부하다.

민간에서는 술독을 풀 때, 얼굴이 누렇게 떴을 때, 간 이상, 음식을 잘못 먹어 탈이 났을 때, 몸에 신열이 있을 때, 고혈압, 설사, 몸에 땀이 나지 않아 찌뿌드드할 때, 두통 감기, 젖이 잘 안 나올 때, 감기, 당뇨, 불면증 등에 사용한다.

◀ 주의사항

칡은 몸을 차게 하는 성질이 있으므로 몸이 찬 사람은 장복하지 않는다.

등칡 *Aristolochia manshuriensis*

- ■ 쥐방울덩굴과 잎지는 덩굴나무 ■ 분포지 : 전국 깊은 산의 자갈밭
- 개화기 : 5월 결실기 : 10~11월 채취기 : 가을~겨울(줄기)

::별   명 : 큰쥐방울
::생약명 : 관목통(關木通)
::유   래 : 등나무처럼 뿌리를 먹지 못하는 칡이라고 하여 붙여진 이름
이다.

■■ 생태

길이 10m. 뿌리가 굵은 큰 칡과는 달리 뿌리가 굵지 않다. 줄기는
회색빛이 도는 갈색이며, 껍질이 쭈글쭈글하다. 새로 난 줄기는 초
록색이다. 잎은 칡잎과 비슷하지만 심장형에 가깝고 1장씩 어긋난
다. 꽃은 5월에 초록빛이 도는 노랑으로 핀다. 열매는 10~11월에
길쭉한 타원형으로 여문다. 줄기는 햇빛에 말려 사용한다.

■■ 효능

한방에서는 줄기를 관목통(關木通)이라고 한다. 화를 풀고, 심장
이 튼튼해지며, 소변이 잘 나오고, 종기를 삭힌다. 심장이 약할 때,
소변 이상, 입 안 염증, 젖이 잘 안 나올 때, 심한 종기에 약으로 처
방한다.

🔊 주의사항

칡과는 달리 등칡 뿌리에는 독이 있으며, 잎·줄기·열매를 많이 복용하면 신장
에 이상이 올 수 있으므로 먹지 않는 것이 좋다.

잎
꽃

7

몸에 좋은 산 속 버섯

126 [약]

영지 *Ganoderma lucidum*

- 불로초과 한해살이 버섯
- 발생지 : 전국의 낮은 산 죽은 나무 밑, 활엽수 뿌리 밑동, 그루터기
- 채취기 : 여름~가을

∷별   명 : 만년버섯, 적지, 홍지, 목령지, 군령지
∷생약명 : 영지(靈芝)
∷유   래 : 약효가 뛰어난 신령(靈)한 버섯(芝)이라고 하여 붙여진 이름이다.

■■ 생태

자루 높이 10~40cm, 갓 지름 5~30cm. 장마가 올라오면 장마를 따라 남에서 북으로 발생지가 이동한다. 주로 낮은 산에 많으며, 죽은 큰 나무, 죽은 졸참나무, 죽은 꿀밤나무 밑동치나 그 주변에서 볼 수 있다. 드물게 고산에서도 볼 수 있는데, 고산 영지는 기후의 영향을 받아 크기가 일정치 않으며 아주 큰 것도 가끔 발견된다.

갓은 불규칙한 원형 또는 부채꼴로 평평하고 울퉁불퉁하며 나이테처럼 둥근 고리 홈이 있다. 겉껍질은 매끄럽고 질기며, 누르면 코르크처럼 탄력이 있다. 줄기는 검붉고, 어릴 때는 몸체가 희고도 노란빛을 띠다가 점차 붉어지며 나중에는 짙어진다. 버섯을 채취한 이듬해에 그 자리나 부근에서 다시 자라나며, 나무에 자라는 경우에는 나무가 완전히 썩으면 버섯도 소멸한다.

버섯을 3~4년간 채취한 뒤 소멸할 무렵 다음해에 그 자리에는 간혹 잔나비걸상버섯이 나기도 한다. 반대로 잔나비걸상버섯이 먼저 나는 경우에는 영지버섯을 볼 수 없으며, 잔나비걸상버섯이 붙어서 자란 나무는 뭉개져 흙으로 돌아가는 등 간혹 이상 현상이 생기기도 한다. 활엽수에 붙은 구름버섯을 2년간 채취한 뒤 버섯이 소멸할 무렵이면 간혹 잔나비걸상버섯이나 영지버섯이 나는 경우도 있다.

■■■ 효능

한방에서는 버섯을 영지(靈芝)라고 한다. 면역력을 높이고, 피와 기를 잘 돌게 하며, 장기를 보하고, 근육과 뼈를 튼튼하게 하며, 어혈을 풀고, 혈색이 좋아지며, 정신을 안정시킨다. 〈동의보감〉에서도 "영지를 장복하면 몸이 가벼워져 신선이 된다"고 하였다. 암, 심장병, 신경 쇠약, 고혈압, 귀가 어두워졌을 때, 기침이 심할 때 약으로 처방하며 강장제로도 사용한다.

민간에서는 암, 간염, 기관지염, 고혈압, 동맥경화, 기관지가 붓고 아플 때, 당뇨, 불면증, 몸이 허하고 기운이 없을 때, 늙어서 병들었을 때, 뼈마디가 쑤시고 이플 때 사용한다.

아랫면

자연산은 시중에 소량만 나오는데 버섯을 딸 때 아랫부분에 손자국이나 이물질
이 붙어서 표시가 나며 크기도 고르지 않다. 자연산 영지를 칼이나 기구로 채취
할 경우에는 1년간 같은 자리에서 2~3회 정도 수확할 수 있다. 맛은 쓰면서도
달아 마시기 쉽다.

재배용은 주로 건재상에서 취급하는데, 크기가 고르고 몸 전체에 심한 광택이
나며 색깔도 진하고 자루가 아주 짧다.

중국산은 옻칠을 한 것처럼 광택이 심하게 나는데, 전문가가 아니면 분간하기
어렵다. 간혹 사찰 앞이나 시장에서 파는 버섯은 중국산일 경우가 많은데, 품질
이 현저히 떨어지고 약으로 사용하면 유황맛이 나고 텁텁하여 마시기 어렵다.

불로초

■ 불로초과 한해살이 버섯　　■ 분포지 : 전국 낮은 산
채취기 : 여름, 가을

:: 별　명 : 흑지(黑芝)
:: 유　래 : 먹으면 늙지 않게 해주는 버섯이라고 하여 붙여진 이름이다.

■■ 생태

　자루 높이 10~40cm, 갓 지름 5~30cm. 외관상 영지버섯과 동일
하지만 몸 전체가 검은 밤색이다. 주로 살아 있는 소나무나 죽은 나
무에서 간혹 볼 수 있는데, 나무 몸체에 붙어 있거나 나무뿌리에 나
는 경우도 있다.

　한 번 채취한 다음해에 그 자리에서 다시 채취할 수 있으며, 나무
가 완전히 썩어버리면 버섯도 소멸한다.

■■ 효능

　한방에서는 버섯을 흑지(黑芝)라고 한다. 약효와 효능은 영지와
동일하다.

상황버섯 *Phellinus linteus*

- 진흙버섯과 여러해살이 버섯
- 발생지 : 전국 높은 산의 나무 그루터기
- 채취기 : 수시로

::별　명 : 상목이
::생약명 : 상황(桑黃)
::유　래 : 뽕나무(桑)에서 자라는 누런(黃) 버섯이라고 하여 붙여졌다.

■■■생태

자루 높이가 없고, 갓 지름 6~12cm. 해 뜨는 북쪽 물 흐르는 계곡선에 이끼가 많은 곳이나 고산 계곡에 쓰러진 나무, 살아 있는 나무에 주로 자란다. 어떤 나무에서 자라느냐에 따라 버섯의 생김새와 강도, 이름이 조금씩 다르다. 갓은 평평한 반원형 또는 둥그스름한 모양으로 자라며, 갓 표면에 둥근 나이테가 있다. 나이테가 많을수록 오래된 것이고, 나이테가 늘어날수록 몸 전체가 두툼해진다. 처음 자랄 때는 노란 진흙덩어리 같은 것이 길쭉하게 뭉쳐나오며 겨울이 되면 성장을 멈추고 노란 부분이 진흙색으로 바뀐다. 종류에 따라 희끄무레한 색으로 변하기도 하며 다시 봄이 되면 노랗게 덧자란다.

세계적으로 40종 정도 발견되었으며 우리나라에는 8종이 있다. 캄보디아, 중국, 열대지역에서 나는 것은 성장이 빠르고, 춥고 4계절이 있는 지역에서 나는 것은 더디게 자란다. 우리나라에는 4계절이 있어 겨울에는 버섯의 성장이 멈추며 봄부터는 다시 동면에서 깨어나 여러 해에 걸쳐 성장한다. 4계절 내내 채취할 수 있으며 한 번 채취하면 5년 후에 그 자리나 주변에서 다시 채취할 수 있다. 나무가 완전히 썩어버리면 버섯도 소멸한다.

*유사종 _ 마른진흙버섯, 말똥진흙버섯, 목질진흙버섯, 낙엽송층버섯 외에 발표되지 않은 종들이 있다.

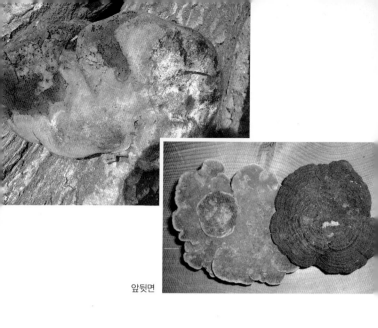

앞뒷면

■■■ 효능

한방에서는 버섯을 상황(桑黃)이라고 한다. 면역력을 길러주고,
독을 없애며, 피를 맑게 하고, 몸을 보하며, 위를 튼튼하게 해주고,
장을 깨끗하게 한다. 〈동의보감〉에도 "성질이 평이하고 맛이 달며
독이 없다. 위장의 딱딱한 멍울(암)을 치료하고, 정신을 맑게 하며
음식을 잘 먹게 하고, 구토와 설사를 멎게 한다"고 하였다. 암, 당
뇨, 고혈압, 설사를 할 때 약으로 처방한다. 약용버섯 중에 항암성
분이 가장 많이 들어 있다.

민간에서는 암, 백혈구 수치가 높을 때, 당뇨, 혈압이 높고 동맥
경화가 있을 때, 여성 질환, 자궁암, 생리불순 등에 사용한다.

🔊 주의사항

자연산은 윗등 부분이 아주 딱딱하고 검은색이며, 밑부분에 노란 포자가 붙어
있어 매끄럽고, 속살은 황색이다. 우리나라의 전국 산지에 따라 크고 작은 것이
나는데, 남부지방에서는 손바닥만 한 크기가 많고 추운 지방으로 올라갈수록 나
무에 따라 아주 큰 것이 발견된다.
재배산은 몸 전체가 노랗고 맛이 텁텁하다. 외국산은 아열대지역에서 자란 것이
많은데, 아주 커서 쪼갠 상태로 판매하고 유황 등 이물질 냄새가 많이 나서 먹기
가 불편하다.

약 상황버섯 유사종

마른진흙버섯 *Phellinus gilvus*

- 진흙버섯과 한해살이 버섯
- 발생지 : 전국 산중턱의 죽은 고목 밑
- 채취기 : 여름~가을

::별 명 : 조피침층공(粗皮針層孔)
::유 래 : 겉 표면이 마른 진흙처럼 보인다고 하여 붙여진 이름이다.

생태

자루 높이가 없고, 갓 지름 3~8cm. 깊은 산 속 응달진 곳에서 굵지 않은 졸참나무 몸체 아래쪽에 여러 개가 층층이 붙어 나며, 6월 중순부터 자라서 가을에 소멸한다. 갓은 평평한 반원형으로 크고 넓고 납작하며 여러 개가 포개져 난다. 위쪽은 짙은 밤색이고, 아랫면은 회색 또는 하얀빛이 나는 갈색이며 아래쪽에 여러 켜가 겹쳐져 있다. 속살은 황금색이다. 속살이 말린 고기처럼 찢어지며 아주 질기다. 채취할 때는 부피가 커도 말리면 조금 쪼그라들어 가벼워진다.

효능

한방에서는 버섯을 조피침층공(粗皮針層孔)이라고 한다. 비장을 보하고, 위를 튼튼하게 하며, 습한 기운을 없앤다. 위암이나 위장 질환이 있을 때, 소화가 안 될 때 약을 처방한다.

민간에서는 위나 비장이 안 좋을 때 사용한다.

채취한 모습

311

말굽버섯 *Fomes fomentarius*

- 구멍장이버섯과 여러해살이 버섯
- 발생지 : 전국 활엽수지대의 살아 있는 나무
- 채취기 : 수시로

::별　명 : 목제(木蹄)
::유　래 : 말발굽처럼 생겼다고 하여 붙여진 이름이다.

■■ 생태

갓 지름 20~50cm. 다른 버섯과는 달리 살아 있는 참나무 상단부에 나는 버섯으로 깊은 산 속 개울가나 자갈 있는 곳에 군락을 지어 자란다. 아주 크고 나무처럼 딱딱하다. 갓 표면은 누런빛이 도는 갈색이며 여러 해에 걸쳐 각질이 생겨서 만져보면 아주 딱딱하다. 갓 아랫면은 회색빛이 나는 백색이고, 속살은 밤색이며 세로결이 있다.

한 번 채취한 뒤 몇 년 후에 같은 자리에서 다시 채취할 수 있다.

■■ 효능

한방에서는 버섯을 목제(木蹄)라고 한다. 몸 속의 종양을 없애고, 면역력을 높이며, 어혈을 풀고, 열을 내리며, 소변을 잘 나오게 한다. 암, 폐결핵에 약으로 처방한다.

민간에서는 암, 폐결핵, 간 질환, 여성 질환, 당뇨, 고혈압, 눈병 등에 사용한다.

채취한 모습

약 말굽버섯 유사종

잔나비걸상 *Elfvingia applanata*

- 구멍장이버섯과 여러해살이 버섯
- 발생지 : 전국의 죽은 활엽수
- 채취기 : 여름~가을

:: 별 명 : 떡다리버섯, 넉다리버섯
:: 생약명 : 매기생(梅寄生)
:: 유 래 : 평상처럼 널찍하여 원숭이가 걸상처럼 앉아도 되겠다고 하
여 붙여진 이름이다.

■■ 생태

자루가 없고, 갓 지름 5~50cm. 매우 크게 자라는데 다 자라면 갓
지름이 50cm를 넘으며 성장 속도가 빠르다. 전체적으로 회색빛이
나는 백색 또는 회색빛이 나는 갈색이다. 갓 표면에는 둥근 고리문
양의 나이테가 있고, 갓 둘레는 백색 또는 회색빛이다. 속살은 짙은
밤색이고 닭고기 살처럼 결이 있다. 한 번 채취한 다음해에 그 자리
에서 또 채취할 수 있으며 나무가 완전히 썩어버리면 버섯도 소멸
한다.

■■ 효능

한방에서는 버섯을 매기생(梅寄生)이라고 한다. 열을 내리고, 장
기의 기를 보하며, 가래를 삭히고, 통증을 없앤다. 간염, 심장 이상,
폐결핵에 약으로 처방한다.

민간에서는 심장이나 간이 좋지 않을 때, 동맥경화, 당뇨, 폐결핵
이나 폐렴, 감기에 걸렸을 때 사용한다.

장수버섯 *Fomitella fraxinea*

■ 구멍장이버섯과 한해살이 버섯 ■ 발생지 : 전국의 활엽수 밑
📝 채취기 : 여름~가을

:: 별　명 : 만년버섯
:: 생약명 : 만년초(萬年草)
:: 유　래 : 먹으면 장수한다고 하여 붙여진 이름이다.

■■ 생태

　자루 높이가 없고, 갓 지름 5~20cm. 아카시아나무 밑둥이나 죽은 나무에 주로 층층이 붙어 자란다. 간혹 낙엽송 밑둥치에서도 발견된다. 어릴 때는 연노랑으로 뭉쳐나지만 클수록 안쪽에서부터 붉은 갈색 띠가 둥글게 형성되며, 나중에는 윗부분이 영지처럼 짙은 밤색이 된다. 육질은 고무처럼 딱딱하며 안쪽은 스펀지처럼 탄력이 있다. 한 번 채취한 다음해에 그 자리에서 다시 채취할 수 있으며 나무가 완전히 썩어버리면 버섯도 소멸한다.

■■ 효능

　한방에서는 버섯을 만년초(萬年草)라고 한다. 염증을 없애고, 노쇠를 막는다. 신장염이나 관절염에 약으로 처방한다.

　민간에서는 신장염, 관절이 쑤시고 아플 때, 암이나 각종 성인병, 종양 억제, 바이러스 감염을 막을 때 사용한다.

🔊 주의사항

버섯을 채취하고 나면 물에 씻지 않고 곧바로 햇빛에 바짝 말려서 사용한다. 완전히 말리지 않고 물기가 남아 있으면 며칠 후 꿉꿉한 냄새가 나면서 아랫면 안쪽에서 미세한 벌레들이 밖으로 기어나오므로 주의한다.

구름버섯 *Coriolus versicolor*

■ 구멍장이버섯과 한해살이 버섯
■ 발생지 : 전국 활엽수나 침엽수 고목, 죽은 나뭇가지
🌿 채취기 : 여름~가을

::별 명 : 운지버섯
::생약명 : 운지(雲芝)
::유 래 : 버섯이 수십 개에서 수백 개 모여 달린 모양이 구름 같다고
       하여 붙여진 이름이다.

■■ 생태

자루가 없고, 갓 지름 1~5cm. 갓이 크지 않고 얇으며 만져보면 단단한 가죽과 비슷하고 융단같이 촘촘한 잔털이 붙어 있다. 갓 윗면은 노란빛이 나는 갈색 또는 검은색이고 겹겹이 줄무늬가 있으며 맨 끝은 하얗다. 아랫면은 노란빛이 나는 갈색이다.

여름부터 가을까지 채취하는데, 다 자랐을 때 채취하지 않고 내버려 두면 좀이 슬어 흰 가루가 많이 난다. 햇빛에 말려 사용한다.

＊유사종 _ 흰구름버섯, 단색구름버섯(2종 모두 식용 불가)

■■ 효능

한방에서는 버섯을 운지(雲芝)라고 한다. 간을 보하고, 염증을 풀며, 피를 잘 돌게 한다. 간염이나 기관지염, 고혈압에 약으로 처방한다. 민간에서는 간 이상, 기관지가 좋지 않을 때, 고혈압과 동맥경화에 사용한다.

대구멍버섯

- 소나무비늘버섯과 한해살이버섯
- 발생지 : 전국 산지의 큰 소나무 밑
- 채취기 : 여름~가을

::유 래 : 갓 아랫면에 큰 구멍들이 숭숭 나 있다고 하여 붙여진 이름이다.

■■생태

자루 높이 3~10cm, 갓 지름 3~13cm. 큰 소나무의 밑둥치나 고목, 뿌리 쪽에 자란다. 손으로 만지면 가죽 같은 느낌이다. 갓 표면은 노란빛이 나는 갈색 또는 짙은 갈색이며 고리 홈이 둥글게 있다. 갓 중앙은 오목하게 파였으며, 아랫면은 주름 대신 둥근 구멍들이 뚫려 있다.

버섯을 채취한 다음해에 그 자리에서 채취할 수 있으며 나무가 완전히 썩으면 버섯도 소멸한다. 햇빛에 말려 사용한다.

■■효능

옛 문헌(버섯도감)에는 못먹는 것으로 알려졌으나 현재는 약으로 복용한다. 민간에서는 암에 사용한다.

눈꽃동충하초 *Isaria japonica*

■ 동충하초과 한해살이 버섯
■ 발생지 : 전국 냇가 주변의 습기 찬 낙엽 쌓인 곳의 곤충 몸 속
■ 채취기 : 여름~가을

::별　명 : 누에동충하초
::생약명 : 동충하초(冬蟲夏草)
::유　래 : 동충하초란, 겨울잠을 자던 곤충 안에서 나는 버섯이라는
　　　　　뜻인데, 이 버섯은 눈꽃처럼 핀 동충하초라고 하여 붙여진
　　　　　이름이다.

■■ 생태

　자루 높이 1~4cm. 연노란 자루가 여러 덩어리 올라와 자잘한
나뭇가지 모양으로 뻗어나가며, 머리 부분에 밀가루 같은 포자 덩
어리가 뭉쳐 있다. 봄부터 가을까지 곤충의 번데기, 애벌레, 성충의
몸 속에 침입하여 균사를 뻗어나가다가 숙주가 죽으면 곤충 형태를
그대로 유지하다가 이듬해 봄에 올라온다. 벌레는 땅 속에 깊게 들
어가지 않으며 캐낼 때는 흙을 깊게 걷어내야 한다.

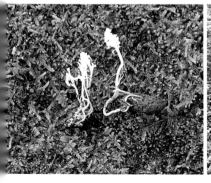

■■■효능

한방에서는 버섯을 동충하초(冬蟲夏草)라고 한다. 인체의 맥과 기를 보하고, 양기를 북돋우며, 신장을 튼튼하게 하고, 노화를 막는다. 몸이 허하고 기력이 없을 때, 결핵, 간염, 천식, 빈혈에 약으로 처방한다.

민간에서는 병후에 몸이 쇠약할 때, 나이 들어 기력이 없을 때, 간이 좋지 않을 때, 어지럽고 식은땀이 날 때, 결핵이나 천식, 얼굴이 누렇게 떴을 때, 자양강장제로 사용한다.

목이 *Auricularia auricula-judae*

■ 목이과 한해살이 버섯　　■ 발생지 : 활엽수의 고목
✎ 채취기 : 여름~가을

::별　명 : 흐르레기, 귀버섯
::생약명 : 목이(木耳)
::유　래 : 나무(木)에 나는 귀(耳) 닮은 버섯이라고 하여 붙여진 이름이다.

■■ 생태

갓지름 3~10cm. 참나무, 뽕나무, 느릅나무 고목에 붙어 자란다. 버섯 전체가 둥근 귀처럼 생겼고, 가장자리에 주름이 있으며 질감이 쫀득쫀득하다. 갓 표면은 붉은빛이 도는 갈색이며, 짧은 흰 털이 많이 있다. 마르면 푸르스름한 회색으로 변한다. 갓 뒷면은 색깔이 연하다.

■■ 효능

한방에서는 버섯을 목이(木耳)라고 한다. 피를 맑게 하고, 장 기능을 활성화시키며, 몸 속의 독을 풀고, 열을 내린다. 빈혈, 동맥경화, 비만에 약으로 처방한다. 칼슘, 철분, 비타민 B_1 · B_2가 풍부하다.

민간에서는 몸이 뚱뚱하고 피가 맑지 않을 때, 피부가 거칠 때, 음식을 잘못 먹어 설사를 할 때, 목에 염증, 피로하고 신경이 예민할 때, 빈혈 등에 사용한다.

채취한 모습

137 약 식 목이 유사종

꽃흰목이 *Tremella foliacea*

- 흰목이과 한해살이 버섯
- 발생지 : 전국 산에서 죽은 나무의 중간 부분
- 채취기 : 여름~가을

:: 별　명 : 은이(銀耳)
:: 유　래 : 목이버섯 중에도 색깔이 희고 꽃처럼 생겼다 해서 붙여진
　　　　　　이름이다.

■■ 생태

　자루 높이 3~6cm, 갓 지름 6~12cm. 상수리나무나 참나무가
있는 곳의 죽은 나무에 붙어 자란다. 버섯 전체가 미역 귀다리처럼
구불구불하게 생겼다. 색깔은 반투명한 갈색을 띠며, 만지면 해파
리처럼 탄력이 있다. 마르면 짙은 갈색이 된다.

　한 번 채취한 다음해에 그 자리에 또 나는데, 나지 않는 경우도
있다. 나무가 완전히 썩어버리면 버섯도 소멸한다.

*유사종 _ 아교좀목이, 방울백목이, 좀목이, 주름목이(4종 모두 식용 불가)

■■ 효능

　한방에서는 버섯을 은이(銀耳)라고 한다. 기를 보하고, 피를 맑게
하며, 몸 속의 독을 풀고, 장 기능을 활성화시키며, 열을 내린다. 위
장병, 당뇨, 뼈가 부실하고 가벼울 때, 빈혈에 약으로 처방한다. 식
이섬유, 단백질, 비타민 D, 철분이 풍부하다.

　민간에서는 몸이 허할 때, 폐에 열이 있고 기침을 할 때, 당뇨, 간
이 안 좋을 때, 위염이나 기관지
염, 동맥경화, 배가 아프고 설사
를 할 때, 몸이 마르고 신경이 예
민할 때, 피부가 거칠 때 사용한

324

털목이 *Auricularia polytricha*

■ 목이과 한해살이 버섯 ■ 발생지 : 전국 산 속 활엽수 고목
■ 채취기 : 여름~가을

::별 명 : 흑목이(黑木耳)
::유 래 : 털이 달린 목이라 하여 '털목이'라 부른다.

▪▪▪생태

갓 지름 3~6cm. 낙엽송이 있는 곳의 죽은 나무나 가지에 붙어 자란다. 갓을 만져보면 아교처럼 반투명하고 연하며, 건조해지면 버섯이 올라붙어 딱딱해진다. 위쪽은 회색빛이 나는 갈색 털로 덮여 있고 아랫면은 매끄럽다.

▪▪▪효능

한방에서는 버섯을 흑목이(黑木耳)이라고 한다. 피를 맑게 하고, 피를 멎게 하며, 위와 장을 튼튼히 하고, 폐를 보하고, 통증을 가라앉힌다. 간염이나 위염, 치질이나 변비, 하혈에 약으로 처방한다.

민간에서는 간이나 위가 안 좋을 때, 편도선염, 변비에 사용한다.

석이 *Umbilicaria esculenta*

- 지의류의 한 종류
- 발생지 : 전국의 높은 산 절벽 큰 바위 위
- 채취기 : 여름

::별 명 : 돌버섯
::생약명 : 석이(石耳)
::유 래 : 돌(石) 위에서 자라는 귀(耳) 닮은 버섯이라고 하여 붙여진
          이름이다.

■■ 생태

자루가 없고, 갓 지름 5~12cm. 등쪽은 비가 오면 푸른색을 띠고,
바위가 건조할 때는 바위색에 가까운 회갈색이 된다. 안쪽은 검은
색이고, 면이 고르지 않고 껄끄럽다. 큰 것은 손바닥만 하며 두께는
두껍지 않다.

비가 온 후 바위에 물기가 없을 때 등산 자일이나 로프를 타고 채
취한다. 등이 푸를 때 따면 말랑말랑하지만, 바위가 건조할 때는 버
섯이 부스러져서 채취하기가 곤란하다.

■■■**효능**

　한방에서는 버섯을 석이(石耳)라고 한다. 기를 보하고, 간과 위를 튼튼하게 하며, 눈과 피를 맑게 하고, 기력을 북돋우며, 소변을 잘 나오게 한다. 심장병, 간염이나 위염, 동맥경화에 약으로 처방한다.

　민간에서는 당뇨, 심장이나 위가 좋지 않을 때, 얼굴이 누렇게 뜨고 눈이 침침할 때, 기력이 없을 때, 설사, 소변이 붉을 때 사용한다.

말린 것 | 물에 불린 것

물에 불려서 씻은 것 | 씻어서 말린 것

140 약식

능이 *Sarcodon aspratus*

■ 굴뚝버섯과 한해살이 버섯
■ 발생지 : 전국 산 속 활엽수림의 그늘
■ 채취기 : 늦가을

::별　명 : 향버섯
::생약명 : 향이(香栮)
::유　래 : 맛이 뛰어난(能) 귀버섯(木耳)이라고 하여 붙여진 이름이다.

■■ 생태

자루 높이 10~20cm, 갓 지름 10~20cm. 물박달나무 밑에 주로 나며, 낙엽이 쌓인 곳이나 마사토에서도 볼 수 있다. 줄지어 나란히 나며, 큰 것은 약 20cm인 것도 있다. 갓 가운데가 깔때기처럼 움푹 하며, 윗부분은 거칠고 큰 비늘조각들이 촘촘히 나 있다. 밑부분은 소 혓바닥처럼 까칠까칠하다. 몸 전체는 어릴 때 담홍색이었다가 다 자라면 흑갈색으로 변한다.

한 번 채취하면 다음해에 그 주변에서 다시 채취할 수 있다.

■■ 효능

한방에서는 버섯을 향이(香栮) 또는 능이(能栮)라고 한다. 양기를 북돋우고, 피를 맑게 하며, 기침을 가라앉히고, 염증을 삭히며, 소변을 잘 나오게 한다. 기관지염, 동맥경화, 당뇨에 약으로 처방한다.

민간에서는 암 예방, 당뇨, 천식, 기침과 가래, 감기, 고기 먹고 체했을 때 사용한다.

표고 *Lentinus edodes*

- 송이과 한해살이 버섯
- 발생지 : 전국의 마른 활엽수, 참나무류(졸참나무), 밤나무(너도밤나무), 서어나무 등
- 채취기 : 봄 ~ 가을

::별 명 : 표고버섯, 향심(香蕈)
::생약명 : 추심(椎蕈)
::유 래 : 바가지(瓢)를 엎어 놓은 듯한 버섯(菰)이라고 하여 붙여진 이름이다.

■■ 생태

자루 높이 3~8cm, 갓 지름 4~10cm. 자랄 때는 작은 호빵처럼 둥글고 퉁퉁하며 속살이 희다. 윗등의 모양과 색깔은 계절에 따라 달라진다. 초봄에 나는 것은 등쪽이 검은 갈색이고 거북이 등처럼 갈라지며 잔털이 있고 눌러보면 딱딱하다. 여름이나 가을에 나는 것은 연한 갈색이며 등이 갈라지지 않고 매끄러우며 눌러보면 말랑말랑하다.

자연산은 간혹 볼 수 있으며 한 번 채취한 다음해에 그 자리에 다시 나기도 하고 안 나기도 한다. 재배산은 농가에서 대량으로 생산하며 재배 방법은 다음과 같다.

늦가을에서 초겨울까지 굵은 상수리나무나 졸참나무를 120cm 높이로 베어 구멍을 촘촘히 뚫은 후 종균을 넣고 스티로폼으로 막아둔다. 그 이듬해 봄부터 버섯이 1~2개 올라오고 2년차부터 많이 딸 수 있으며, 5년간 계속해서 수확할 수 있다.

■■■**효능**

한방에서는 버섯을 추심(椎蕈)이라고 한다. 기를 보하고, 풍을 다스리며, 피를 활성화시키고, 술독을 풀며 정신이 좋아지고, 음식을 잘 먹게 하며, 구토와 설사를 멎게 한다. 〈동의보감〉에도 "표고는 산중 고송의 송기"라고 하여 귀한 버섯으로 쳤다. 동맥경화, 풍기, 어지럽고 기력이 떨어질 때, 심장병에 약으로 처방한다. 햇빛에 말려 사용한다. 비타민 $B_1 \cdot B_2 \cdot B_{12} \cdot D$와 단백질, 칼슘, 철분이 풍부하다.

민간에서는 고혈압, 심장이 좋지 않을 때, 산후 몸조리를 잘못하여 몸이 아플 때, 비염, 설사, 술독을 풀 때, 음식을 잘못 먹어 토하거나 설사를 할 때, 감기, 지질이 낫지 않을 때, 긴염, 동상, 기미, 소변이 붉을 때 사용한다.

142 식 표고 유사종

연기색만가닥버섯 *Lyophyllum fumesum*

- 송이과 한해살이 버섯   ■ 발생지 : 전국 산 속의 마사토
- 채취기 : 늦가을

::별 명 : 땅디버섯
::유 래 : 연기를 쐬인 듯 회색빛이 돌고, 줄기가 만 가닥이나 된다고 하
여 붙여진 이름이다. 경상도에서는 '땅디버섯' 이라고도 한다.

■■ 생태

자루 높이 1~10cm, 갓 지름 1~3cm. 가을에 조금 늦게 나는 버
섯으로 주로 마사토에서 볼 수 있다. 한 뿌리에서 가지가 많이 올라
와 작은 버섯들이 수십 개씩 뭉쳐 달리는데, 어릴 때는 갓 표면이
짙은 회색빛이 나는 갈색이었다가 점차 옅어진다. 갓 아랫면에는
주름살이 촘촘하다. 한 번 채취한 다음해에 그 주변에서 다시 채취
할 수 있다.

■■ 효능

주로 식용해 왔으나 최근 버섯에 종양을 억제하고, 면역력을 높
여주는 효능이 있다고 밝혀졌다. 단백질, 아미노산, 다당류가 풍부
하다. 민간에서는 암 억제에 사용한다.

노루궁뎅이 *Hericium erinaceum*

■ 산호침버섯과 한해살이 버섯　■ 발생지 : 전국 산지의 썩은 고목
■ 채취기 : 가을

::생약명 : 후두고(猴頭菰)
::유　래 : 버섯모양이 노루의 궁뎅이처럼 생겼다고 하여 붙여진 이름이다.

■■■ 생태

자루가 없고, 갓 지름 5~10cm. 간혹 살아 있는 참나무에서 자라며, 남부지방에서는 10월부터 볼 수 있다. 갓은 수많은 고드름이 난 것처럼 길쭉하고 부드러운 긴 침들로 이루어져 있으며, 덩어리가 크고 하얗다. 한 번 채취한 그 다음해에 같은 자리에 나기도 하고 안 나기도 한다. 나무가 완전히 썩어버리면 버섯도 소멸한다.

■■■ 효능

한방에서는 버섯을 후두고(猴頭菰)라고 한다. 위와 장이 건강해지고, 소화가 잘 되며, 양기를 북돋운다. 위염·장염, 기력 저하에 약으로 처방한다. 비타민 U, 단백질, 아미노산이 풍부하다.

민간에서는 위염, 십이지장 궤양, 소화가 안 되고 입맛이 없을 때, 당뇨, 치매 예방 등에 사용한다.

망태버섯 *Dictyphora indusiata*

■ 말뚝버섯과 한해살이 버섯   ■ 발생지 : 전국 산지의 땅 위
🔪 채취기 : 여름~가을

::별　명 : 죽손(竹蓀)
::유　래 : 그물치마가 망태기처럼 생겼다고 하여 붙여진 이름이다. 자
　　　　　태가 화려하여 '버섯의 여왕'이라고도 불린다.

■■ 생태

　자루 높이 10~20cm, 망토 길이 10cm. 버섯이 자라서 소멸하는
과정이 하루만에 이루어진다. 처음에는 알처럼 생긴 덩어리가 올라
와 윗부분이 터지면서 자루가 올라온다. 자루 맨 윗부분에는 망태
가 담겨진 짙은 밤색 주머니가 붙어 있는데, 겉이 쪼글쪼글하고 지
독한 냄새가 나는 점액이 흘러나온다. 자루가 다 올라오면 주머니
에서 하얀 망태가 나와 수십 분간 드레스처럼 쭉 펼쳐지고, 망태가
몸체를 다 덮으면 버섯이 녹기 시작한다.

■■ 효능

　예전에는 잘 먹지 않는 버섯이었으나 최근 버섯류에 대한 연구
가 활발해지면서 먹게 되었다. 신경 장애를 막아주고, 균을 억제하
며, 염증을 없앤다. 비타민 $B_2 \cdot C \cdot D_2$가 풍부하다.
　민간에서는 각기병에 사용한다.

까치버섯 *Polyozellus multiplex*

■ 굴뚝버섯과 한해살이 버섯　　■ 발생지 : 전국 산 속의 마사토
🗡 채취기 : 가을

:: 별　명 : 귀다리버섯
:: 유　래 : 까치처럼 까맣다고 하여 붙여진 이름이다. 경상도에서는 미역 귀다리 냄새가 난다고 하여 '귀다리버섯' 이라고도 부른다.

■■ 생태

　자루 높이 10~20cm, 갓 지름 10~30cm. 주로 마사토에 난다. 자루에서 짧은 가지들이 나와 부채처럼 펼쳐지며, 가장자리는 물결 모양이다. 몸 전체가 검푸른 색이고 속살도 검다. 살은 얇고 가죽처럼 질기다.

　한 번 채취한 다음해에 그 주변에서 다시 채취할 수 있다.

■■ 효능

　피를 잘 돌게 하고, 동맥경화를 막아주며, 심장을 튼튼하게 한다. 비타민 E 등 항산화 물질이 들어 있다.

　민간에서는 혈관 질환, 성인병, 노화 방지에 사용한다.

윗면 | 아랫면

갓버섯 *Lepiota procera*

- 주름버섯과 한해살이 버섯
- 발생지 : 전국 산 속의 대나무밭이나 풀밭가
- 채취기 : 여름~가을

::유 래 : 다 자란 모습이 갓처럼 생겼다고 하여 붙여진 이름이다.

■■■ 생태

자루 높이 30cm, 갓 지름 25cm. 어릴 때는 갓이 둥글다가 자랄수록 삿갓모양으로 펼쳐진다. 자랄 때는 표피가 회색빛이 나는 갈색이었다가 자라면서 하얀 솜모양으로 바뀌고, 어릴 때의 표피가 비늘처럼 갈라진다. 자루에는 두꺼운 흰 고리가 붙어 있다.

■■■ 효능

면역력을 높이고, 소화가 잘 되게 한다. 비타민 A, 단백질, 지방, 아미노산이 풍부하다.

민간에서는 위가 안 좋아 소화가 안 될 때 사용한다.

🔊 주의사항

유사종인 갈색 고리가 있는 '갈색고리갓버섯'은 자루 길이가 3~5cm로 짧은데, 독성이 있으므로 먹으면 안 된다.

싸리버섯 *Ramaria botrytis*

■ 싸리버섯과 한해살이 버섯　　■ 발생지 : 전국 활엽수림
🏷 채취기 : 여름~가을

::유　래 : 가지가 올라오는 모양이 싸리비처럼 생겼다고 하여 붙여진
　　　　이름이다.

■■■생태

　자루 높이 3~5cm, 넓이 15cm. 나무가 잘고 산 모양이 둥근 곳의
마사토나 낙엽 쌓인 곳에 잘 자란다. 한 줄기에서 연홍색이나 연자
주색 가지들이 많이 올라오며, 위쪽에서도 가지가 계속 벌어진다.
몸 전체는 하얗고 살이 꽉 차 있다.

*유사종 _ 도가머리싸리버섯(식용), 황금싸리버섯, 다박싸리버섯, 노랑싸리
　　　버섯, 붉은싸리버섯, 자주색싸리버섯, 쇠뜨기버섯(뒤의 6종은 모
　　　두 식용 불가).

■■■효능

　혈액 속의 콜레스테롤 수치를 낮춘다. 비타민 B · D, 구아닐산이
풍부하다.

　민간에서는 고혈압, 심장이 좋지 않을 때, 동맥경화에 사용한다.

느타리 *Pleurotus ostreatus*

- 느타리과 한해살이 버섯
- 발생지 : 전국 산 속의 죽은 나무 그루터기
- 채취기 : 늦가을~초봄

::유 래 : 늦은 가을에 달리는 버섯이라는 뜻의 '늦달이'가 변하여 느타리가 되었다.

■■ 생태

자루가 없고, 갓 지름 5~15cm. 수양버들이나 활엽수 죽은 나무 그루터기에 나며, 간혹 나무가 쓰러져 숲을 이룬 곳의 땅 속에서도 올라오는 경우가 있다. 갓은 두툼하고 촉촉하며 조개껍질 모양으로 펼쳐져서 자라고 표면이 매끄럽다. 어릴 때는 검푸른 회색빛이었다가 점차 색깔이 옅어진다. 갓 아랫면은 백색으로 잘게 주름이 있고, 촉촉하며 살이 두껍고 탄력이 있다.

한 번 채취한 뒤 그 다음해에 같은 자리에 나기도 하고 안 나기도 하며, 나무가 완전히 썩어버리면 버섯도 소멸한다.

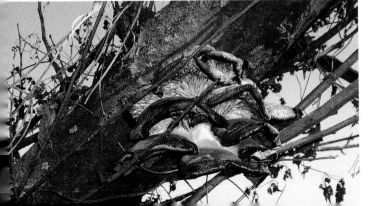

■■효능

인슐린 분비를 돕고, 뼈를 튼튼하게 해주며, 혈압을 조절하고, 감기를 예방한다. 비타민 D, 아미노산, 무기질이 풍부하다.

민간에서는 당뇨, 고혈압, 동맥경화, 심장병, 몸이 붓고 살이 쪘을 때 사용한다.

index

〈솔뫼 선생과 함께 시리즈〉(핸디북) 1~4권 통합 색인

동그라미 번호 ❶ ~ ❹ 는 책이름

❶ 들고 다니는 산 속에서 만나는 몸에 좋은 식물 148
❷ 들고 다니는 산 속에서 배우는 몸에 좋은 식물 150
❸ 들고 다니는 모양으로 바로 아는 몸에 좋은 식물 148
❹ 들고 다니는 알면 약이 되는 몸에 좋은 식물 150

들고 다니는
산 속에서 만나는 몸에 좋은 식물 148

글쓴이 | 솔 뫼
펴낸이 | 유재영
펴낸곳 | 그린홈
기 획 | 이화진
편 집 | 나진이
디자인 | 김보영
사 진 | 솔 뫼

1판 1쇄 | 2007년 3월 10일
1판 18쇄 | 2018년 7월 31일
출판등록 | 1987년 11월 27일 제10-149

주소 | 04083 서울 마포구 토정로 53(합정동)
전화 | 324-6130, 324-6131 · 팩스 | 324-6135
E-메일 | dhsbook@hanmail.net
홈페이지 | www.donghaksa.co.kr
www.green-home.co.kr
페이스북 | www.facebook.com/greenhomecook

ⓒ 솔뫼, 2007

ISBN 978-89-7190-210-3 03480

Green Home 자연과 함께 하는 건강한 삶, 반려동물과의 감성 교류, 내 몸을 위한 치유 등
지친 현대인의 생활에 활력을 주고 마음을 힐링시키는 자연주의 라이프를 추구합니다.